普通高等教育教材

CAILIAO HUAXUE
SHIYAN

材料化学实验

曹小华
沈显波　主编
占昌朝

U0301474

化学工业出版社

·北京·

内容简介

《材料化学实验》共分为五个章节：绪论、实验仪器原理及其操作、材料化学基础实验、材料化学综合性设计性实验、常用软件和数据库介绍及使用。本书在着重介绍高分子材料实验和无机材料实验的同时，结合产业发展需要，安排了有机硅材料实验、磁性材料实验和能源材料实验等部分内容。内容涉及无机材料、高分子材料、有机硅材料和磁性材料的合成方法、测试方法、常用软件和数据库的使用，包括材料合成、材料表征及材料性质等方面内容。不仅考虑了实验的普适性，而且特别注重实验的创新性、探究性和学科发展的前瞻性。注重将课程思政元素融入实验内容，既强化基础，又注重应用能力、创新精神、绿色化学意识和科学人文素养的综合培养，充分体现了"知识传授、能力培养和价值塑造"的协调统一。

本教材可作为材料化学专业、应用化学专业、化学专业等相关专业的教材，也可作为研究生实验和相关专业技术人员参考书。

图书在版编目（CIP）数据

材料化学实验/曹小华，沈显波，占昌朝主编．—北京：
化学工业出版社，2022.9
普通高等教育教材
ISBN 978-7-122-41718-3

Ⅰ.①材…　Ⅱ.①曹…②沈…③占…　Ⅲ.①材料科学-应用
化学-化学实验-高等学校-教材　Ⅳ.①TB3-33

中国版本图书馆 CIP 数据核字（2022）第 104752 号

责任编辑：旷英姿　刘心怡　　　　　　　装帧设计：王晓宇
责任校对：田睿涵

出版发行：化学工业出版社（北京市东城区青年湖南街 13 号　邮政编码 100011）
印　　装：大厂聚鑫印刷有限责任公司
787mm×1092mm　1/16　印张 12¼　字数 272 千字　　2022 年 10 月北京第 1 版第 1 次印刷

购书咨询：010-64518888　　　　　　　售后服务：010-64518899
网　　址：http://www.cip.com.cn
凡购买本书，如有缺损质量问题，本社销售中心负责调换。

定　　价：38.00 元

材料化学实验

编写人员名单

主　　编：曹小华　沈显波　占昌朝

编写人员：（按姓名笔画排序）

王春风　占昌朝　叶志刚　杨　文

吴传保　闵　欣　沈显波　陈　浩

陈修栋　赵经纬　胡庆华　曹小华

梁秋鸿　潘家炎

前　言

为全面贯彻党的教育方针，坚持立德树人，适应经济社会发展对多样化高素质人才的需要，编者在广泛调研文献资料并汲取国内外同类教材的特点基础上，结合团队多年教学教研及科研与社会服务经验，按照"思想性、科学性、启发性、先进性和适用性"原则编写本教材。

本教材的编写充分体现"产联研赛训"协同育人思想（荣获江西省教学成果二等奖），注重将产业中实际生产内容融入实验、与行业企业联合开发实验、将最新科研进展及教师科研成果融入实验、将创新实验竞赛内容融入实验。本教材注重将课程思政元素融入实验内容，既强化基础，又注重应用能力、创新精神、绿色化学意识和科学人文素养的综合培养，充分体现"知识传授、能力培养和价值塑造"的协调统一。本教材在内容选择上力求体现绿色化、先进性、系统性、应用性、趣味性；在内容编排上体现科学性、启发性、探究性和学科发展的前瞻性。

本教材共 5 章，第 1 章绪论，重点介绍材料化学实验特点以及材料化学实验基本要求，由曹小华编写。第 2 章实验仪器原理及操作，介绍材料化学实验基本知识、实验基本操作、实验常用仪器基本原理以及操作。其中 2.1 由占昌朝编写；2.2 中 2.2.1～2.2.4 由占昌朝编写，2.2.5～2.2.10 由吴传保编写；2.3 中 2.3.1～2.3.3 由杨文编写，2.3.4～2.3.6 由潘家炎编写，2.3.7～2.3.13 由闵欣编写。第 3 章材料化学基础实验，包括无机材料实验部分、高分子材料实验部分、有机硅材料实验部分以及磁性和能源材料 4 大部分。其中 3.1 无机材料实验中，实验一～实验五由陈浩编写，实验六～实验十一由王春风编写；3.2 高分子材料实验由叶志刚编写；3.3 有机硅材料实验由胡庆华编写；3.4 磁性和能源材料实验中，实验一～实验五由沈显波编写，实验六～实验八由陈修栋编写。第 4 章材料化学设计和综合类实验，重点介绍从科研论文里面节选的部分实验，旨在培养学生的创新思维。其中实验一～实验二由曹小华编写，实验三～实验四由占昌朝编写，实验五～实验六由沈显波编写，实验七～实验十由潘家炎编写。第 5 章常用软件和数据库介绍及使用，主要目的是培养学生的数据处理能力和文献资料查找能力，由杨文编写。附录由闵欣编写。赵经纬、梁秋鸿对本教材提出了修改意见。全书由沈显波进行统稿、审查和校对，全体编写人员参与审定。

本教材系统性及适用性强，可用作理工科材料化学专业、应用化学专业、化学专业等相关专业的实验课程教材，也可作为相关专业研究生实验和相关技术人员的参考书。

本教材编写过程中，得到了广大师生、企业行业专家的热情帮助，特别是在九江学院副校长严平教授的悉心指导下，获得了江西省高水平本科教学团队、江西省普通本科高校现代产业学院——九江学院有机硅新材料产业学院、九江学院 2020 年度校级高质量教材立项等经费资助。谨此表示衷心感谢！同时对本教材参考引用的有关教材、著作及论文作者一并表示诚挚谢意！

本教材的选编不苛求全而广，力求适宜实用。虽力求创新和完善，但因编者学识有限，加之经验不足，书中难免存在不足和疏漏之处，敬请读者批评指正。

编者

2022 年 6 月

目　录

第 3 章　材料化学基础实验

第4章　材料化学设计和综合类实验

第5章　常用软件和数据库介绍及使用

附　录

参考文献

第 **1** 章　绪论

1.1　实验基本介绍

材料化学是研究材料及使用过程中所涉及的化学理论和技术问题、揭示材料的化学成分、组织结构与性能之间关系的学科，是材料科学与化学结合而形成的新兴交叉学科，新材料的研究开发离不开材料化学的研究和发展。通过开设相关的实验课程来帮助学生认识材料化学的重要性，培养学生相关的技能与技巧以及发现问题、分析问题和解决问题的能力至关重要。

材料化学实验作为材料化学一门重要的实践课程，是在基础化学实验课程之后的一门专业实验课。它是综合运用前期化学知识（理论知识和实践知识）与材料学知识开设的一门实践课程。课程内容涉及材料实验方案的设计，原料的计算、称量、混合，产物的制备、洗涤、分离、干燥以及性能测试与器件制作等各方面知识。本书着重介绍高分子材料实验和无机材料实验的同时，结合地方产业发展需要，也介绍了有机硅材料实验、磁性材料实验和能源材料实验等内容。为了培养学生的数据处理能力和文献查找水平，本课程特别介绍了常用软件和数据库的使用方法。通过本课程的学习，培养学生动手能力，使学生对材料化学研究内容有更深的体会，对材料制备工艺、组成、结构与性能之间的相互关系及其规律有更深的认识，为今后的工作和学习奠定良好的基础。

1.2　实验基本要求

1.2.1　实验准备

① 学生在实验前必须预习实验指导书，了解实验仪器的使用和注意事项，了解实验方法和步骤，能正确回答指导教师的提问。

② 根据实验内容阅读教材中的有关章节，弄清基本概念和方法，使实验能顺利完成。

③ 按任务书中的要求，在上课前准备好必备的工具。

④ 根据每次实验的具体内容，按指导教师的要求认真准备所需要的各种数据，必要时应提前计算相应数据，以便在实验中节省时间。

1.2.2　实验要求

① 遵守课堂纪律，注意聆听指导教师的讲解。

② 实验中的具体操作应按实验步骤进行，如遇问题要及时向指导教师提出。

③ 实验中出现的仪器故障必须及时向指导教师报告，不可随意自行处理。

④ 学生应独立完成实验并按时提交实验报告。报告内容要求对实验原理、仪器和操作步骤作简要说明、并要求数据齐全、计算准确、图线清晰、文字通顺，能对实验结论做出正确合理的分析。

1.2.3　仪器及工具借用办法

① 每次实验所需仪器及工具均在任务书上说明，学生应以小组为单位在上课前由各组组长凭学生证按组的顺序向仪器室借用，要听从实验管理人员的指导，遵守实验室的规定。

② 借领仪器时，各组依次由 1～2 人进入室内，在指定地点清点、检查仪器和工具，然后在登记表上填写班级、组号及日期。实验室借领仪器要填好仪器的借用单，各组组长对照仪器的借用单清点仪器及附件等。清点完毕，由组长在借用单上签名，并将借用单交仪器管理人员后，方可将仪器借出仪器室。

③ 初次接触仪器，未经教师讲解，对仪器性能不了解时，不得擅自进行仪器操作，以免损坏仪器。

④ 实验过程中，各组应妥善保护仪器、工具。各组间不得随意调换仪器、工具。若有损坏或遗失，视情节照章处理。

⑤ 实验完毕后，应将所借用仪器清洁整理后再交还实验室，并由管理人员检查验收后发还学生证。若交还仪器时间过于集中，不能将仪器详细检查一遍，待下次清点借给他人前（不超过两天）方可算前者借用手续完毕。

⑥ 测量仪器属贵重仪器，借出的仪器必须有专人保管，如发生仪器损坏或遗失，则按照学院的规章制度办理。

1.2.4　实验报告

① 实验报告（见表 1-1）应包括以下内容：实验名称、实验类型、小组成员、实验日期、实验目的、实验原理、主要试剂及仪器、实验过程（主要实验步骤及操作方法等）、实验现象、实验结果、分析及讨论与教师评语。

② 实验报告中应总结收获体会：通过实验，学到了很多知识，比如对实验仪器的操作更加熟练，学会了课堂上无法获取的知识，并提升了动手和动脑的能力。同时也充分认识到完成实验仅靠一个人的力量是远远不够的，需要和小组成员充分合作和团结才能较好地完成实验。通过实验总结经验和教训，指出实验中存在的问题，并分析问题和解决问题。以上这些都应在实验报告中进行总结。

实验报告评分标准见表 1-2。

表 1-1　实验报告

实验序号（Experiment Serial No. ）＿＿＿＿＿＿

实验名称		实验类型	
小组成员		实验日期	年　月　日

实验目的

实验原理

主要试剂及仪器

实验过程（主要实验步骤、操作方法等，尽量用图、表、化学式配合文字进行描述）

实验现象

实验结果、分析及讨论（思考题解答、实验反思与分析）

教师评语

实验成绩：　　　　　教师签名：

备注：（1）实验过程中如需要作图，请用铅笔、直尺作图，或用计算机作图；

（2）实验报告应保持整洁，不允许对实验数据进行涂改；

（3）如内容填写不够，可自行加页。

表 1-2　实验报告评分标准

指标	序号	内　容	要　求	计分
实验态度	1	考勤与纪律	不迟到、不早退、听从指导、规范操作	3
	2	预习	是否明确实验目的、原理、主要仪器试剂、步骤	7
	3	C_3H_3 素养	试剂节约、仪器规整有序、绿色清洁	5
	4	实验报告书写	书写规范、图表清晰、内容详实	3
实验基础	5	实验名称	正确无误	1
	6	实验目的	目的明确、清晰	3
	7	实验仪器及试剂	记录完整	2
	8	实验原理	叙述简洁完整，重点突出，依据正确	8
实验过程	9	实验内容与步骤	内容清楚、步骤简洁明确、顺序正确、操作规范	20
	10	实验结果记录	真实、清楚、完整、无涂改	8
实验结果与讨论	11	分析与讨论	(1)有明确的结果或结论报告(5分) (2)结果形式正确无误(注意有效数字)(5分) (3)能利用理论知识对结果进行正确分析(5分) (4)分析简洁、明确、合理、语言组织恰当(5分) (5)思考题回答准确完整(6分) (6)能对本次实验进行总结，包括是否达到本次实验的目的，有哪些收获(6分) (7)文献调研情况：查阅与本实验相关文献5篇，与文献报道相比，自我评价本次实验成功与不足之处(8分)	40
附加	12	实验创新素养与价值	鼓励存疑创新，对在实验过程中提出有效建议并被采纳、或者对实验进行一定创新、提出不同见解、能积极参加自主创新实验活动并提交论文等	20(附加分)

注：1. 对严重违反实验纪律的同学，教师可酌情减扣实验成绩；

2. 因教学评估等需要，实验报告和预习报告在课程结束时需统一上交存档；

3. 实验报告成绩是总评成绩的主要依据，请认真撰写；

4. 杜绝抄袭、伪造数据等不诚信行为。

1.3　实验室安全常识

① 进入实验室前，必须经过培训或考核，培训合格后方可进入实验室进行实验；特殊岗位或操作特种设备，需经过专业培训，持证上岗。

② 实验人员要熟悉逃生通道、消防器材、水电开关所在位置和使用方法，清楚紧急情况下的应急处置方法。

③ 进入实验室必须遵守实验室的各项规定，严格执行安全操作规程，做好各类记录。

④ 实验之前应先阅读使用化学品的安全技术说明书（MSDS），了解化学品特性，采取必要的防护措施。

⑤ 严格按实验规程进行操作，在能够达到实验目的的前提下，尽量少用实验物质，或用危险性低的物质替代危险性高的物质。

⑥ 实验前，应了解化学反应操作的潜在安全隐患及应急处理方式，选择合适的防护

用品，采取适当的安全防护措施。

⑦ 保持实验室整洁，及时清理废旧物品，保持消防通道通畅，便于开、关电源，便于取用防护用品、消防器材等。

⑧ 禁止在实验室内饮食、吸烟、使用燃烧型蚊香及睡觉等，禁止放置与实验无关的物品。

⑨ 不得在实验室内追逐、打闹。实验进行过程中，不得随意离开实验操作台；实验结束后，应及时清理并关闭水、电、气、门窗等。

⑩ 仪器设备不得开机过夜，如确有需要，必须采取必要的措施。

⑪ 发现安全隐患，应及时采取恰当处置措施，并报告实验室负责人。

⑫ 实验人员应戴防护眼镜、穿着合身的棉质白色工作服及采取其他防护措施，并保持工作环境通风良好。

⑬ 萃取、蒸馏、过滤或结晶的操作会使危险物质的浓度急剧升高，增大了危险性，要特别注意，做好防护。处理具有刺激性的化学品时，应在通风橱内操作，并戴好防护手套。

⑭ 回流操作实验中，可能因突沸或过热喷出可燃性液体，附近应严禁明火。

⑮ 实验过程中应精力集中，不可三心二意，以免发生安全事故。

⑯ 严禁疲劳工作，中午、晚间实验不可无人看管。

1.4 化学实验中的重要素养

1.4.1 C_3H_3 素养简介

化学实验素养是化学实验活动中个人修养所达到的专业程度及其表现，是实验品质、实验技能、实验习惯等方面的综合体现。著名化学家卢嘉锡曾把科学家的素质归纳为"C_3H_3"素养，即 clear head（清醒的头脑）、clever hands（灵巧的双手）、clean habit（洁净的习惯）。

（1）清醒的头脑

C_3H_3 最关键的是第一个 CH，即清醒的头脑，它是实验素养的核心要素。clear head（清醒的头脑）指的是能明辨是非，独立思考，有创新精神。学生创新精神、创新能力的培养是素质教育的要求，也是实验教学的宗旨。实验教学过程中，教师应不断地激励、启发、引导学生开动脑筋，勤于思考、善于思考，创造性思维。用清醒的头脑指导实验，使得实验更具方向性和预见性。在实验教学过程中必须激励学生开动脑筋分析和解决实验中存在的问题，养成勤于思考的习惯，促进能力素质的提高。为此，必须注重引导学生牢固树立科学发展观和绿色化学思想；必须强化实验原理教学，使学生真正理解实验，灵活掌握实验。

（2）灵巧的双手

C_3H_3 中 clever hand（灵巧的双手）指的是动手能力强，动手能力可简单概括为：敢动手—爱动手—会动手，会动手最起码的标准是实验基本操作要有规范性。实验基本操作的规范性是实验安全的保障，也是实验成功的基础，只有熟练掌握实验基本操作，才能做到动作娴熟、规范、准确，也才能保证实验的成功。因此，在化学实验教学中，要使学生充分认识到掌握实验基本操作的重要性和必要性，应从最简单的基本操作练起，确保实验操作准确、规范、熟练。

（3）洁净的习惯

第三个 CH，即注意养成洁净的习惯。洁净的实验习惯，是化学实验素养的"健美"过程，它是学生个体或群体化学实验素养内在美的和外在表现过程。低层面上讲，做实验时要保持实验仪器的清洁、实验台的整洁；高层面上讲，做实验时要有计划并有条、有理。学生良好实验习惯的形成，需要在实验教学中不断地得到训练、培养。

在实验教学过程中，必须严格要求，逐步养成试剂、仪器使用有条不紊、摆放整齐，公用试液的滴管、移液管等不交叉使用，公用仪器、试剂使用后立即复原，实验台整洁干净的习惯；严格规范实验操作，逐步养成正确使用试剂、仪器，注意实验安全的习惯；实事求是，认真、细致、严谨，逐步养成诚实记录实验结果的习惯；认真观察实验现象、积极思考，逐步养成在实验报告中认真讨论、总结反思的习惯；节约水、电、燃料和试剂，实验中的废纸、火柴梗、碎玻璃等不乱扔，更不能投入水槽中，应放入废品桶中等，逐步养成节约、环保的习惯。最重要的是要培养学生绿色化学的安全、防污和环保意识习惯，如废酸、废碱、废洗液和实验后的残渣、残液或所得化学产品要倒入指定的回收缸内，按照绿色化学"3R"原则进行回收（recycling），重复使用（reuse）和再生（regeration）。在实验过程中，应尽量做到"装置归整齐全""用具排列有序"，为今后的学习和工作打下坚实的基础。

清醒的头脑、灵巧的双手、洁净的习惯是化学实验素养形成的整体过程，缺一不可。在实验教学中强化 C_3H_3 素养培养，是增强创新意识、提高学生整体素质、提高教学质量的关键。

1.4.2　绿色化学与绿色化学实验

1.4.2.1　绿色化学

绿色化学是 20 世纪 90 年代出现的具有重大社会需求和明确科学目标的新兴交叉学科，是当今国际上化学、化工科学研究的前沿和发展的重要领域。通过绿色化学教育可以培养学生从源头上预防污染的思想，养成绿色化学习惯，使学生更加关注生态健康与环境保护，符合可持续发展和人的全面发展的目标。

绿色化学是一门从源头上、从根本上减少或消除污染，实现资源循环利用的化学，是人类和自然和谐的化学。为适应我国化学、化工的发展要求，全国大多数高等院校开设了绿色化学作为必修课或选修课，有的还开设了绿色化学实验课。

（1）绿色化学的概念

绿色化学是利用化学原理从源头上减少和消除工业生产对环境造成的污染。绿色化学又称环境无害化学（environmentally benign chemistry）、环境友好化学（environmentally friendly chemistry）、清洁化学（clean chemistry）。绿色化学的理想在于不再使用有毒有害的物质，不再产生废物，不再处理废物，这是一门从源头上减少或消除污染的化学。

（2）绿色化学的研究

绿色化学的研究主要围绕化学反应、原料、催化剂、溶剂和产品的绿色化开展的，因此化学反应及其产物具有以下特征：

① 采用无毒、无害的原料；

② 在无毒、无害的条件（包括催化剂、溶剂）下进行；

③ 产品应该是环境友好的；

④ 具有"原子经济性"，即反应具有高选择性、极少副产物，甚至实现"零排放"。此外，它还应当满足"物美价廉"的传统标准。

综上内容，总结见图 1-1。

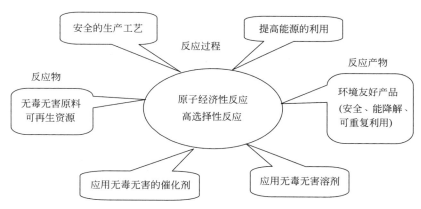

图 1-1　绿色化学主要研究内容

绿色化学的核心内容指"原子经济性"和"5R"原则。

① "原子经济性"　是指充分利用反应物中的各个原子，从而既能充分利用资源又能防止污染。原子利用率越高，反应产生的废弃物越少，对环境造成的污染也越少。

$$原子利用率＝\frac{目标产物的摩尔质量}{化学方程式中按计量所得物质的摩尔质量}×100\%$$

② "5R"原则　从化学品使用出发的 5R 原则，即无论是目标产物还是制造合成目标产物的原料、试剂、溶剂、催化剂、能源等所涉及的化学品遵循：a. 拒用（Reject）危害品，拒绝使用是杜绝污染的最根本方法，它是指对一些无法代替、又无法回收、再生和重复使用的药品、原料，拒绝在化学实验过程中使用；b. 减少（Reduce）用量，是从节省资源、减少污染的角度提出的；c. 循环利用（Reuse），不仅是降低成本的需要，也是减废的需要；d. 回收再利用（Recycle），可以有效实现"省资源、少污染、减成本"的要求；e. 再生利用（Regenerate），是变废为宝、节省资源、能源，减少污染的有效途径。

（3）绿色化学的十二条原则

① 防止污染优于污染治理：防止废物的产生而不是产生后再来处理；

② 提高原子经济性：合成方法应设计成能将所有的起始物质嵌入到最终产物中；

③ 尽量减少化学合成中的有毒原料、产物：只要可能，反应中使用和生成的物质应对人类健康和环境无毒或毒性很小；

④ 设计安全的化学品：设计的化学产品应在保护原有功效的同时尽量使其无毒或毒性很小；

⑤ 使用无毒无害的溶剂和助剂：尽量不使用辅助性物质（如溶剂、分离试剂等），如果一定要用，也应使用无毒物质；

⑥ 合理使用和节省能源，合成过程应在环境温度和压力下进行：能量消耗越小越好，应能为环境和经济方面的考虑所接受；

⑦ 原料应可再生而非耗尽：只要技术上和经济上可行，使用的原材料应是能再生的；

⑧ 减少不必要的衍生化步骤：应尽量避免不必要的衍生过程（如基团的保护，物理与化学过程的临时性修改等）；

⑨ 采用高选择性催化剂：尽量使用选择性高的催化剂，而不是提高反应物的配料比；

⑩ 产物应设计为发挥完作用后可分解为无毒降解产物：设计化学产品时，应考虑当该物质完成自己的功能后，不再滞留于环境中，而可降解为无毒的产品；

⑪ 应进一步发展分析技术对污染物实行在线监测和控制：分析方法也需要进一步研究开发，使之能做到实时、现场监控，以防有害物质的形成；

⑫ 减少使用易燃、易爆物质，降低事故隐患：化学过程中使用的物质或物质的形态，应考虑尽量减少实验事故的潜在危险，如气体释放、爆炸和着火等。

1.4.2.2 绿色化学实验及特点

绿色化学实验是在绿色化学的思想指导下，用预防化学污染的新思想、新技术，对常规实验进行改革，重新设计出的新实验。

目前，我国多数学校的化学实验教学仍采用常规的实验方式，药品用量大、危险性大，挥发、易燃、有毒的试剂损害人体和污染环境。因此，实施绿色化学实验是化学实验的必由之路。化学实验是体现绿色化学内容，培养学生绿色意识的主要途径，在实验教学中培养学生绿色化学意识和能力尤为重要。

化学实验从实验设计、准备工作、实验过程、善后工作等方面，或者是对重大研究课题的研究，都应贯穿绿色化学的理念，尽量减少对自然环境的污染，保护生态环境，这也是我们从事化学实验的工作者对"地球—母亲"应尽的义务。

绿色化学实验的核心内涵是研究新反应体系，在实验过程中，尽量减少使用和产生有害物质，它具有绿色化学的以下特点：①化学反应原料的绿色化，即致力于采用无毒、无害原料和可再生原料代替有毒的、对环境有害的原料来生产化学品；②化学反应的绿色化，绿色化学注重最大限度地利用原料，最大限度地减少副产物，减少废物的排放，或使反应的副产物成为另一反应的原料，尽可能达到原子经济性；③催化剂绿色化，寻找对环境无害的绿色催化剂取代那些对环境有害的催化剂；④溶剂的绿色化，化学反应应尽量避免使用溶剂，即使要使用，也要求避免使用那些对环境有害的溶剂，采用对环境友好性的绿色化溶剂，如 H_2O。在无毒无害溶剂的研究中，最活跃的研究项目是开发超临界流体（SCF）（如超临界液态 CO_2 等），特别是超临界固相反应；⑤产品的绿色化，要求生产的产品是绿色的，不应该对环境造成损害。

1.4.2.3 绿色化学实验设计方法

对一个具体的化学实验，教师应引导学生从"反应物——→反应过程——→反应产物"开始对整个实验过程进行绿色化学评价，依据绿色化学"5R"原则进行绿色化学设计，逐渐培养学生的绿色化学能力。通过"加、减、扩、代"实施绿色化学教育的创新模式。

加：尽量增加方法先进、技术新颖、绿色环保的实验项目，如超临界流体、离子液体及无溶剂条件下的生物催化反应，超声波合成、微波合成、电化学合成等绿色实验项目。让学生及时了解科学发展前沿，熟悉并能自觉地将先进技术运用在绿色化学实验中。

减：减量（Reduction）、拒用（Rejection）是实现绿色化学的重要原则。在保证实验方法更加合理化前提下，积极提倡微型化实验（或半微量实验）、拒绝使用危害品，力求在源头上减少直至消除污染源。

扩：尽量选择系列化实验、串联实验或组合实验。用前一实验的产物作为后一实验的反应物，以减少试剂用量和环境污染，如阿司匹林的制备—仪器分析试验（IR）—返滴定法测定阿司匹林的含量。

代：在不影响实验效果的前提下，尽量选用对环境友好的试剂代替具有一定污染或毒性或后处理困难的试剂。尽量使用简单安全实验装置代替高温高压装置或敞口装置。尽量采用多媒体进行模拟演示实验代替药品消耗量大或易燃易爆、操作不易控制或环境污染严重的实验。如用维生素 B_1（盐酸硫胺素）代替有毒的氰化物作催化剂催化安息香的缩合反应，可避免氰化物作催化剂的危险性。

1.4.2.4 绿色化学实验与 C_3H_3 素养

培养学生的 C_3H_3 素质是化学实验室绿色化建设的有效方法，规范的实验操作成为绿色化实验建设中不可或缺的一部分。注重培养学生的 C_3H_3 素质，从源头上减少实验废弃物，从根本上防止污染、保护环境、实现"绿色化学人才培养"目标。

第 2 章　实验仪器原理及其操作

2.1　实验基本过程与操作

材料化学实验基本过程主要涉及投料计算、称量、滴加投料、纯化后处理、数据处理等常规操作。

2.1.1　投料计算

材料制备一般以化学合成为基础，通常步骤是首先依据反应原理写出主要反应方程式，再依据化学反应式进行投料计算，获得所需反应物料的物质的量（或质量、体积等）。如硫酸亚铁铵、对二甲氨基苯甲腈的合成的投料计算。

（1）硫酸亚铁铵的合成反应机理

$$Fe + H_2SO_4 \xrightarrow{\quad\quad} FeSO_4 + H_2 \uparrow$$

$$FeSO_4 + (NH_4)_2SO_4 + 6H_2O \xrightarrow{\quad\quad} (NH_4)_2SO_4 \cdot FeSO_4 \cdot 6H_2O$$

根据文献：$n(Fe):n(H_2SO_4):n[(NH_4)_2SO_4]=1:12.6:1$，再根据反应方程式进行投料计算后可知：0.56g（0.01mol）的 Fe 粉与 42mL 的 3mol/L 的 H_2SO_4 反应完成后，再加入 1.32g（0.01mol）的 $(NH_4)_2SO_4$ 进行反应。

（2）对二甲氨基苯甲腈的合成反应机理

根据文献：n（对二甲氨基苯甲醛）：n（盐酸羟胺）：n（NaOH）：n（一水合乙酸铜）：n（乙腈）$=1:1.3:2.6:0.05:23.9$，再根据反应方程式进行投料计算后可知：先在四氢呋喃中依次加入对二甲氨基苯甲醛（3g，0.02mol），盐酸羟胺（1.81g，0.026 mol），含氢氧化钠（2.08g，0.052mol）的水溶液进行反应。再将对二甲氨基苯甲醛肟，一水合乙酸铜（0.2g，1mmol），乙腈（25mL，0.478mol）进行回流反应。

2.1.2　误差

误差是观测值与其真实值之差，在实际工作中，通常以平均值代替真实值。误差可以用绝对误差、相对误差、算术平均误差、标准误差来表示，其中相对误差＝(绝对误差/真实值)×100%，用来比较不同测量值的测量精度，其他误差表示方法在此不具体叙述，有需要请参阅相关文献。

在材料化学实验过程中，由于环境因素、测试原理、仪器设备等不可控制因素的影响可能会产生系统误差、随机误差、过失误差，影响到实验结果，其主要影响因素与减少误差的主要途径有以下。

（1）试剂（样）

试剂（样）的来源和选择是重中之重。为减少误差，第一是要正确选择试剂（样），第二是要严格按照国家标准及实验室等标准的规定来规范取（制）样，第三是要对试剂（样）的取用、测试过程严格把控，降低实验数据的不稳定性。

（2）操作方法

在试剂（样）选择科学的前提下，实验操作显得尤为重要。如果实验过程操作不够认真，出现样品混入杂质、操作流程顺序有误等主观因素必定会影响最终的实验结果。为了能够得出准确的数据，实验操作人员必须严格按照试验标准和实验室相关操作规程进行试验，并结合自身经验把试验过程中各类误差降低到最小。

（3）仪器设备的影响

仪器设备是材料化学实验误差来源不可忽视的影响因素。在材料化学实验操作中必须确保所使用仪器设备对数据结果的误差影响最小。一是保证仪器运行参数与实验所需工作参数的一致性；二是将仪器设备调整到最佳的工作状态；三是严格按照仪器设备说明书或者操作规程执行并做好仪器设备的日常维护、保养，只有科学使用仪器设备，才能在实验中尽可能减少实验误差。

（4）职业素养的影响

实验过程中人是最不确定的影响因素，加强对实验人员专业技能培训，规范实验操作，才能避免操作人员因工作失误造成误差。一是重视材料化学实验操作人员的工作态度，这就要求实验人员在实验过程中做到细心和耐心。二是重视对材料化学实验操作人员进行相关的专业培训并定期对操作人员的工作进行考核评价，使操作人员的职业素养完全满足实验工作的要求。

2.1.3　称量

称量是材料化学实验的基本操作，通常使用电子天平（图 2-1）、托盘天平（图 2-2）来进行试剂（样）的称量，前者的最大优点是操作简单，读数方便，称量结果直接显示可读。实验室通用电子天平的精度有 0.01g、0.0001g，精度为 0.000001g 的电子天平一般不常见。称重范围根据电子天平的型号而各异，一般称重范围在 0~200g。

称量样品前需要对电子天平进行检查和校准。正确操作步骤是在开始称量操作前先检查天平托盘是否干净，如有灰尘或杂物，应用毛刷轻轻清理干净；其次检查水平仪中的气泡是否在中心，如偏离则缓慢调节左侧或右侧调整脚螺丝，使气泡位于中心，并清零后才能进行称量。

图 2-1　电子天平

图 2-2　托盘天平

常用的称量方法有如下几种。

（1）定量称量法

指称取的质量必须为"某一指定"质量，不得有差异。特点是读数极其严格，不能有任何差异。一般用于制备标准滴定溶液，如称取纯度为 99.98% 的标准物重铬酸钾 1.2260g，置于 250mL 容量瓶中，使用水定容，则该溶液浓度 c（1/6 $K_2Cr_2O_7$）为 0.1000mol/L。

（2）减量称量法

指先称被称量物和称量容器取总质量，然后以"磕（即敲击称量容器）"的方式，从容器内倾出被称量物，质量减少到目标值即可。该法优点是能够发现操作中存在的"偶然误差"。在时间紧、平行测定 3 次以上且要求在规定范围内质量分布到达极限、不得提前计算出称量质量时，可采用该法称量。如被称量物和容器的总质量为 25.0769g；经磕出操作后，被称量物和容器的总质量为 24.5759g；则称取的质量为 （25.0769－24.5759）g=0.5010g。

（3）差减称量法

指先称取被称量物和称量容器总质量，按"去皮键"；以"磕"的方式，使被称量物从容器内倾出，此时天平显示的（负）数值则为需要称量的质量。这种方法优点是显示直观、易判断，缺点是不易发现偶然误差。该法常用于平行测定，如被称量物和容器的总质量为 25.0769g，按"去皮键"后显示为 00000g，经磕出操作后，当天平显示"－05010g"时，称取的质量即为 0.5010g。

（4）增量称量法

指在特定称量容器内，通过增加质量的方式达到目的的称量操作。该方法优点是直观、易判断，缺点是要求对被称量物的性质非常熟悉，否则容易称量过量，造成称量失败，浪费时间。该法用于易挥发物质溶液的称量，如在 100mL 具塞瓶内加入 50mL 蒸馏水。擦去瓶身外水分，拧紧瓶塞，置于天平托盘上；读数后按"去皮键"，此时显示为"0.0000g"。向具塞瓶内滴加被称量物，拧紧瓶塞，平摇轻质具塞瓶，称量读数，若达到既定质量后，表示称量完成。

此外，根据被称量物的物理性质及化学性质选择合适的称量容器（称量纸、烧杯、具塞瓶、安瓿球等）和称量方法，确保得到正确称量结果。

托盘天平适合精度较低的称量，主要操作步骤是：①先将天平放到水平台上，然后用镊子将游码拨到标尺左端的"0"刻度线上。②调节平衡螺母，使指针位于分度盘的中线处。③将被测的物体放到左盘内，并估测被测物体的质量，根据估测用镊子向右侧的托盘内由大到小放置砝码，并适当调整游码的位置，使托盘天平的横梁再次处于平衡状态，进行读数，被测物体的质量等于右侧砝码的质量加上游码的读数。④读数毕，用镊子将砝码放到砝码盒内，整理托盘天平将其恢复到原状。

对于液体试样（剂）的量取一般采用量筒（图 2-3）、量杯、移液管、移液枪（图2-4）。用量筒量取液体主要步骤是：①向量筒里注入液体时，应用左手拿住量筒，使量筒略倾斜，右手拿试剂瓶，使量筒瓶口紧挨着量筒口，使液体缓缓流入。②待注入的量比所需要的量稍少时，保持量筒竖直，改用胶头滴管滴加到所需要的量。③读数时应将量筒垂直平稳放在桌面上，视线与量筒内液体凹液面的最低点保持水平，否则读数会偏高或偏低。④正确记录量筒面的刻度，即温度在 20℃ 时的体积读数（测量值包括准确值和一位估计值）。

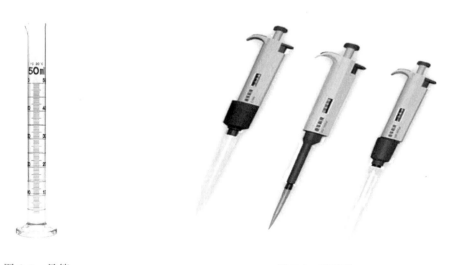

图 2-3　量筒　　　　　　　　　　　　　图 2-4　移液枪

用移液枪（图 2-4）进行液体试样（剂）的量取有较高的体积精准度，并能保持结果的可靠性，主要操作要点有：①量程设定：从大量程调节至小量程为正常调节方法，逆时针旋转刻度即可；从小量程调节至大量程时，应先调至超过设定体积刻度，再回调至设定体积。②装配移液枪头：将移液枪垂直插入枪头中，稍微用力左右微微转动就可以使其紧密结合。③垂直吸液：吸头尖端浸入液面 3mm 以下，吸液前枪头先在液体中预润洗 2～3 次确保移液的精度和准度，以防有较大误差。④放液吸液：放液时如果量很小，吸头尖端可靠容器内壁。一定要慢吸慢放，以防突然松开溶液吸入过快而冲入取液器内腐蚀柱塞而造成漏气。⑤注意事项：取液体时一定要缓慢平稳地松开拇指，绝不允许突然松开，以防将溶液吸入过快而冲入取液器内腐蚀柱塞而造成漏气。通过以下方法来检查是否漏液：吸取液体后悬空垂直放置几秒钟，看看液面是否下降；如果漏液，则检查吸液嘴是否匹配、弹簧活塞是否正常。⑥放置储存：使用完毕后，可以将其竖直挂在移液枪架上，小心别掉下。当移液器枪头里有液体时，切勿将移液器水平放置或倒置，以免液体倒流腐蚀活塞弹簧。

2.1.4 投料

材料化学合成实验大多采用液相法反应，反应物既可以采用一次性投料，也可以逐步加入，按图 2-5 安装装置。反应物的投料、滴加次序不同，会影响化学反应的进程，从而影响产物的性质。①根据反应物滴加顺序的不同，可以分为正加法、反加法。例如纳米 Co-Cu-B 合金粉末的合成，采用正加法即将还原剂 KBH_4 溶液滴加至一定量浓度的含钴、铜的硫酸盐水溶液中。反加法是将金属盐溶液滴加至还原剂溶液中。滴加完毕后，经搅拌反应、陈化、过滤、用去离子水和无水乙醇洗涤、干燥即可。②如果是同时逐步加入两种以上的反应物，称之为平行滴加，可以在如图 2-5 装置滴加口装配 Y 形管，放置两支玻璃恒压滴液漏斗。

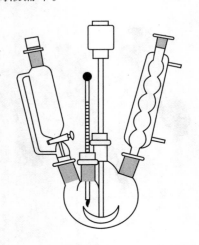

图 2-5　回流滴加搅拌反应装置

图 2-6　蠕动泵

如乙烯基三异丙氧基硅烷（AC-76）改性的核壳型丙烯酸聚合物乳液的合成，在装有搅拌浆、冷凝管、温度计和恒压滴液漏斗的 500mL 四口烧瓶中加入 2g 十二烷基硫酸钠、1g 烷基酚聚氧乙烯醚（OP-10）、0.35g 过硫酸钾、0.75g $NaHCO_3$ 和 100g 去离子水搅拌并同时升温至 80℃，滴加 1/10 的核单体（25g 丙烯酸丁酯，15g 甲基丙烯酸丁酯，7.5g 丙烯酸），15min 滴完制得种子乳液；保温 20min 后平行滴加剩余的核单体和引发剂溶液

（1g 十二烷基硫酸钠，0.5g OP-10，0.2g 过硫酸钾，25g 去离子水），滴加时间为 2h；滴完后保温 30min，即得核乳液。保温结束后平行滴加壳单体（52.5g 丙烯酸异冰片酯，15g 丙烯酸丁酯，7.5g 丙烯酸）和引发剂溶液（0.2g 过硫酸钾，25g 去离子水）；滴加 2/3 壳单体后，在剩余的壳单体中加入 AC-76，滴加时间为 3h；滴完后保温 1h，降温至 40℃ 以下，出料过滤即得产品。③如果是需要严格对反应物进行计量投入，可以通过选用合适流量规格的蠕动泵（图 2-6），实现反应物的计量投料。

2.1.5　纯化后处理

材料化学实验中，常压蒸馏、减压蒸馏、旋转蒸发、水蒸气蒸馏等方法常用于单体、溶剂、产物等液体试样的纯化处理，可根据待分离纯化液体的沸点选用不同的蒸馏方法。固体试样分离纯化常用方法有重结晶和色谱等方法。

2.1.5.1　减压蒸馏

减压蒸馏适合于在较高温度下容易聚合、发生副反应液体试样的分离纯化。对于一些有机化合物在常压下沸点较高，或在较高温度下容易发生反应，这种情况下需要用降低系统压力的方法降低其沸点达到在较低温度下蒸馏。从而避免物料发生化学反应。

（1）减压蒸馏装置

减压蒸馏装置如图 2-7 所示，主要由蒸馏瓶、克氏蒸馏头（或用一个 Y 形管与蒸馏头组成）、直形冷凝管、真空接引管、接受瓶、缓冲瓶、压力计、油泵和吸收塔等组成。使用克式蒸馏头能防止溶液飞溅直接进入冷凝管。在克氏蒸馏头的直口处插一根毛细管，其上端套橡胶管并用螺旋夹夹紧调节进入烧瓶的空气速度（或加入沸石，防止溶液暴沸）。在减压蒸馏时，空气通过毛细管进入到烧瓶的液体中形成气泡，温度计插在克氏蒸馏头的另外一个管口上，温度计水银球的上端应位于蒸馏头支管底边所在的水平线上，真空接引管的出口连接接受瓶。由于装置内处于真空状态，减压蒸馏烧

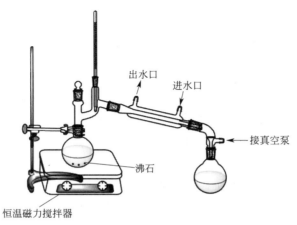

图 2-7　减压蒸馏装置

瓶和接受瓶不能使用平底仪器（锥形瓶、平底烧瓶等），防止受外界压力而引起事故。如防止在抽真空时仪器破裂，可在容器外面用铁丝网罩或布包裹，以增强安全性。真空接引管的出气口与缓冲瓶相连，其作用是消除由于压力快速上升或下降带来的安全风险，并减缓物料进入吸收塔。

缓冲瓶后可以安装冷却阱再连接压力计和真空系统，通常冷却阱中的冷却剂为冰水混合物，有条件的实验室用液氮作为冷却剂。压力计与测量系统连接的管路要尽可能粗和短，使压力计测量结果与系统实际压力接近从而减小测量误差。目前数字式压力计已经取代了水银压力计进行压力测量，消除了水银对环境的污染，但是数字式压力计长期不用或者有偏差时，应按照说明书进行压力校正。

真空油泵是实验室常用的减压设备，使用时要注意油泵的防护保养，禁止水、酸、有机溶剂等蒸气进入泵内。水进入泵中会使泵油乳化，酸会腐蚀泵，有机溶剂和泵油混合会降低系统真空度。为了保护油泵，应在泵前面安装吸收塔（气体净化塔），吸收塔内依次放入干燥剂、强碱和石蜡，以除去水蒸气、酸气和有机物蒸气。有的实验室将真空泵和吸收塔一起安装在推车中方便使用和保养。

（2）减压蒸馏操作

加热蒸馏前需调节体系真空度（螺旋夹），并使系统压力达到指定数值。需要特别注意：系统的压力并不是越小越好，如果系统压力太小会导致溶液沸点过低，汽化后的液体无法在直形冷凝管（水冷）中冷却。一般调节真空压力使溶液沸点高于 50℃，待系统中压力稳定再开始加热。温度是控制蒸馏速度的关键因素，特别在减压条件下推算溶剂的沸点是估计值，所以要小心控制升温速度，避免主要馏分被提前蒸馏出来。例如 3-丁酮酸乙酯具有互变结构，实验所测定的是酮式和烯醇式混合物的沸点，该值比理论值低。当前馏分蒸馏出来后，且温度计示数稳定就应该转动真空接引管用另一接收瓶开始接收稳定流出的馏分，蒸馏速度控制在 1 滴/1～2s，记录此时温度和压力计示数。

减压蒸馏结束时，停止操作的顺序为：先移去热源，待烧瓶稍冷却后，再打开毛细管上的螺旋夹，然后慢慢打开安全瓶上的放空阀，待系统压力平稳，最后关闭真空泵。注意要严防空气突然进入热的装置，否则若烧瓶中残留不稳定物质，会引发安全事故。

2.1.5.2 旋转蒸发仪

用旋转蒸发仪（图 2-8）进行溶液浓缩、分离，具有快速方便的特点。旋转蒸发仪主要由旋蒸瓶、水浴锅、控温表、冷凝管、接液瓶以及变频调速器等组成。当体系与大气相通时，可以将蒸馏烧瓶、接液烧瓶取下转移溶液；当体系与减压泵相通时则体系处于减压工作状态。

旋转蒸发仪操作过程中需要注意的事项有：①一定要先打开循环水再加热，将水浴锅放在旋蒸瓶的正下方，旋转手轮调至所需高度，控制好加热温度以防止空气流速过快来不及冷却。第一次实验时先将旋蒸瓶清洗二次，以保证加热时不会产生其他化学物质。②使用时，应先减压，再开动电机转动。结束时，先停电动机，再通大气以防旋蒸瓶在转动中脱落。

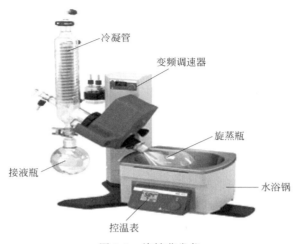

冷凝管

变频调速器

旋蒸瓶

接液瓶

水浴锅

控温表

图 2-8　旋转蒸发仪

2.1.5.3　重结晶

重结晶是分离纯化固体粗产物的最常用方法之一，其原理是利用混合物中各组分在某种溶剂中溶解度的不同而使不同组分分离，被纯化物质和杂质之间在选定溶剂中的溶解度差要尽可能大。重结晶提纯法一般包括溶剂的选择、热饱和溶液的制备、除去杂质与热过滤、晶体析出、晶体的收集与洗涤干燥、晶体纯度的检测等步骤。

（1）乙酰苯胺的重结晶

① 配制热的乙酰苯胺饱和溶液　称取 5g 待提纯乙酰苯胺置于 250mL 烧杯中，加入 50mL 蒸馏水。在石棉网上加热至沸腾，并用玻璃棒不断搅拌，使乙酰苯胺完全溶解。若有少量乙酰苯胺未溶解，可在保持沸腾的状态下继续分批加入少量沸水至其完全溶解。

② 脱色除杂　待分离提纯样品中常含有有色杂质，需要用吸附剂予以脱色。常用的吸附剂有活性炭、氧化铝等，吸附脱色剂的用量一般为被提纯固体物质质量的 $1\%\sim5\%$。脱色时，将制得的热饱和溶液放置稍冷，加入适量的活性炭略加搅拌，再加热煮沸 $5\sim10min$。

③ 趁热过滤　经脱色处理之后的溶液必须趁热进行过滤，以除去不溶性杂质和活性炭，过滤速度越快越好。为了加快过滤速度：一是采用保温漏斗，二是使用菊花形滤纸进行过滤。将菊花形滤纸放入短颈玻璃漏斗中，一并放入保温漏斗中，保温漏斗与短柄玻璃漏斗的夹套里加满水。酒精灯加热夹套中的水，加热的温度尽可能高但不能超过溶剂的沸点。

④ 冷却结晶　一般在室温下自然冷却。当溶液温度降至室温，待液体析出大量乙酰苯胺晶体后可用冰水进一步冷却，以便晶体析出更加彻底。如果晶体不易析出，可用玻璃棒摩擦器壁或是加入少量晶种，促进结晶形成。

⑤ 减压过滤与洗涤　乙酰苯胺晶体析出后，抽滤将晶体与母液快速分离，然后"少量多次"地用蒸馏水洗涤滤饼。

⑥ 晶体的干燥和计算回收率　将经洗涤抽干后的乙酰苯胺晶体转移到表面血上，盖上干净的滤纸晾干（由于乙酰苯胺的熔点较高，也可选用烘箱将其在 $40\sim50℃$ 下烘干），称重，计算回收率。

（2）丙烯酰胺的重结晶

丙烯酰胺为固体，易溶于水，可采用重结晶的方法进行纯化，具体步骤如下：将 55g 丙烯酰胺溶解于 40℃的 20mL 蒸馏水中，置于冰箱中深度冷却；待丙烯酰胺晶体析出时，迅速用布氏漏斗过滤；自然晾干后，再于 20～30℃下真空干燥 24h。在重结晶母液中加入 6g 硫酸铵，充分搅拌后置于冰箱中，又有丙烯酰胺晶体析出，也可以采用氯仿作为溶剂进行丙烯酰胺的重结晶，使产品收率升高。

2.1.5.4 柱色谱

柱色谱（图 2-9）是根据极性相似相溶原理，利用硅胶等填料和洗脱剂之间存在极性差异，待分离纯化混合物中不同物质依据极性不同被硅胶吸附或者溶于洗脱剂被洗脱，从而实现物质分离，筛选出合适的洗脱剂是实现混合物分离纯化的关键。柱色谱与薄层色谱分离原理相似，均通过极性差异将物质进行分离。薄层色谱处理量小，不适宜应用于大量物质的分离纯化，但其分离效率高，实现物质分离所需时间短，可以直观显示各物质的分离情况，常用于筛选柱色谱洗脱剂。

例如二甲氨基苯乙烯基苯并噁唑的柱色谱纯化分离：①在锥形瓶中配制 250 mL 石油醚和乙酸乙酯（石油醚/乙酸乙酯＝3∶1，体积比）的混合液，作为柱色谱洗脱剂和薄层色谱展开剂。②用湿法装柱，将 10g 硅胶（200～300 目）浸泡在 30mL 洗脱剂中，除尽气泡，装填到色谱柱中。柱装填好后，在上面铺上 2mm 的石英砂，将石油醚和乙酸乙酯洗脱剂液面降至石英砂的上表面。③取 0.15g 粗产物溶解于 2mL 洗脱剂中，将溶液加到色谱柱的上端。④上样完毕后，用洗脱剂进行洗脱。可以观察到橙红色的色带自上而下缓慢移动，待色带所对应的溶液收集完毕后，停止洗脱，蒸馏浓缩得到纯品（黄色晶体），计算收率。

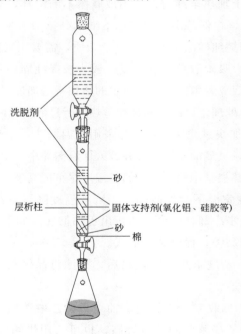

图 2-9　柱色谱装置

2.1.6 数据处理

Origin 是由美国 Originlab 公司出品的功能强劲的专业数据处理和函数绘图软件，其具有功能强大、操作简单、兼容性好等优点。在材料化学实验数据处理过程中，Origin 可以绘制各种类型的实验数据图表，是必须要掌握的软件之一。

2.1.6.1 Origin 的基本操作

图 2-10 是打开 Origin 8.0 后的初始界面，与大部分 windows 系统平台下的软件类似，主要由菜单栏、工具栏、项目管理器、工作簿窗口等组成。菜单栏和工具栏主要是各种命令的分类入口和常用命令的快捷方式。项目管理器是对文件夹和工作簿进行分类和管理，文件夹在项目管理器的上半部，下半部是当前文件夹中的工作簿和图形文件的名称，可通过点击工具栏的 "New Folder" 命令在软件中创建多个文件夹，每个文件夹下可以保存多个工作簿或者图形文件。通过项目管理器可对文件夹和其中的文件进行重命名、移动、复制等处理，其操作方式与 windows 系统的文件管理方式类似，通过选中目标，进行拖曳移动和打开右键菜单命令进行操作（如图 2-11 所示）。

图 2-10　Origin 8.0 软件主界面

工作簿（图 2-12，Book 1）界面类似 Excel，使用单元格存储数据，每个工作簿可包含若干个工作表（Sheet）。窗口中可以创建多个工作簿，可通过点击工具栏的快捷命令

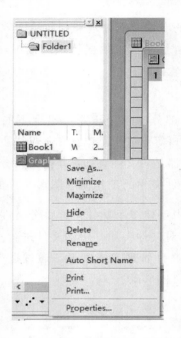 "New WorkBook" 按钮来完成创建工作簿。

图 2-11　项目管理器窗口　　　　　　　　　图 2-12　工作簿窗口

　　Origin 工作簿是数据处理的主界面，工作簿中的数据按照列进行分类和处理。列的顶部三行不需要输入数据，从上往下依次为名称（Long Name）、单位（Units）、注释（Comments），需要注意此处的注释并不在绘制的图中显示。数据列会自动分配名称，如图中 A、B 列，代表不同列的数据，同时需要注意旁边括号中的 X 和 Y，代表数据的坐标轴（共有 X、Y、Z 三个轴），相同的轴坐标代表着数据是在相同的维度，默认首列数据是 X，其他列数据是 Y，可以设置多组 X 轴数据和多组 Y 轴数据，会在轴坐标名称后添加数字以示区分（如 $Y1$、$Y2$ 等）。X 轴和 Y 轴之间也可以相互转换，选中需要改变轴坐标的列，点击右键，在右键菜单中"Set As"命令下选择需要的坐标轴（如图 2-13），

再点击即可转换。值得注意的是每列 X 轴数据可以与多列 Y 轴数据关联作图，但是 Y 轴无法同时与多列 X 轴关联作图，故一般默认将 X 轴作为绘制图形的横坐标。

　　Origin 中数据输入的方法有多种，常用的有直接输入，使用复制、粘贴命令输入数据，通过数据文件导入等。

2.1.6.2　图形绘制

　　将数据导入 Origin 后，要注意数据列的坐标轴名称，相同名称可认为是同一坐标轴

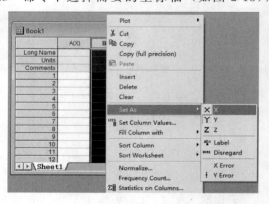

图 2-13　设置坐标轴界面

上的数据，一般将横坐标设置为 X，不同坐标轴的数据可进行关联作图。当有多组 X 轴、Y 轴数据绘制图形时，要注意对数据的坐标轴进行区分。绘制的图形会在软件界面内在最前端以新的图形窗口的形式显示。

例如将不同温度下水和甲醇的饱和蒸气压数据绘图为例。

① 将数据文件导入 Origin 的工作簿，如图 2-14 所示。

	A(X)	B(Y)	C(Y)
Long Name	Temperature	Water	Methanol
Units	K	kPa	
Comments		Saturated Vapor Pressure	
1	273.15	0.61	7.014
2	293.15	2.338	12.97
3	313.15	7.375	35.7
4	333.15	19.918	84.6
5	353.15	47.34	181
6	373.15	101.32	353.6
7			
8			
9			
10			
11			
12			

图 2-14　数据导入结果

② 选中你需要绘制图形的数据列，注意它们的列坐标需要不同（例中为 X、Y 列数据），且只能有一列数据为 X 轴，然后点击菜单栏中的 "Plot"，在下拉菜单中选择图形样式（如图 2-15 所示），有 "Line" 直线图，"Symbol" 散点图，"Line ＋ Symbol" 直线图并且每一个数据点在图中都会有标记。一般选择 "Line ＋ Symbol" 作图，得到曲线图形，如图 2-16 所示。

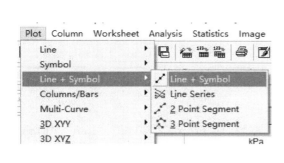

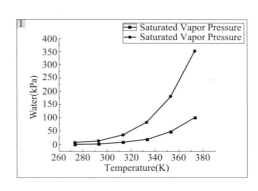

图 2-15　"Plot" 下拉菜单　　　　　　　　　图 2-16　所绘制图形

或者也可以点击工作簿下方的图形工具栏的命令来快速绘图，／ ⁛ ⁛ ⁙ 分别对应 "Line" "Scatter" "Line ＋ Symbol"，可以得到相同的结果。得到的图形是软件默认输出的图形，以上是单层图形的绘制过程，多层图形的绘制请参考相关文献。

2.1.6.3 Origin 图形设置及输出

（1）图形设置

Origin 中默认绘制图形的格式一般是不符合科技论文写作规范的，需要对图形格式进行设置，包括坐标轴的设置和图形曲线的设置。

Origin 中可以对坐标轴的名称、数值范围、间隔大小、刻度位置等做非常详细地设置。进入坐标轴设置的方法很多，一般直接双击所绘制图形的坐标轴，即可直接打开坐标轴设置对话框，如图 2-17 所示。对话框中包含 "Scale" "Tile & Format" "Grid Lines" "Break" "Tick Labels" "Minor Tick Labels" "Custom Tick Labels" 七个选项卡，分别对应于设置坐标轴范围、标尺、网格、隔断、坐标刻度、辅坐标刻度、自定义坐标刻度。下面以上述不同温度下水和甲醇的饱和蒸气压数据绘制的图形为例说明。

① 打开保存的文件，双击坐标轴，打开坐标轴设置对话框（如图 2-17 所示），在对话框中可对横坐标轴和纵坐标轴分别进行设置，默认在 "Scale" 选项卡。在 "Scale" 选项卡下可对坐标轴的范围、间隔、类型等进行设置，左侧 "Horizontal" 是对横坐标轴进行设置，"Vertical" 是对纵坐标轴进行设置。在本例中，横坐标范围为 260 至 400，间隔为 20，则在 "Horizontal" 设置 From：260，To：400，Increment：20；纵坐标范围为 −50 至 400，间隔为 100，在 "Vertical" 设置 From：−50，To：400，Increment：100（如图 2-18 所示）。

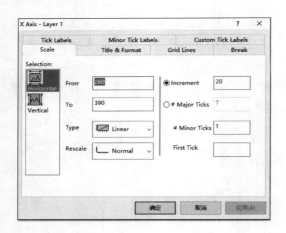

图 2-17　坐标轴设置对话框

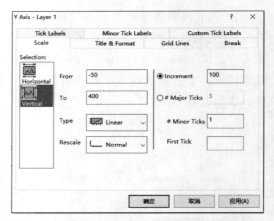

图 2-18　"Scale" 设置界面

② 切换到 "Tile & Format" 选项卡，点击左侧的 "Bottom" "Top" "Left" "Right" 可以分别对图形的下、上、左、右四个坐标轴进行设置。在本例中，左侧选择 "Bottom" 对横坐标进行设置，勾选 "Show Axis & Ticks"，则在图形上显示对应坐标轴；"Title" 内输入 "Temperature（K）"，改变横坐标名称（也在图形中直接双击名称进行编辑，更为方便）；"Major Ticks" "Minor Ticks" 选项选择 "Out"，横坐标的主、副刻度都向下；"Color" 设置坐标轴颜色，选择 "Black"；"Thickness（pts）" 设置坐标轴的粗细程度，

一般数值越大则坐标轴越粗，这里输入"3"。纵坐标的设置与横坐标相类似。对于顶部和右侧的坐标轴，"Title"选择空白，"Major Ticks"和"Minor Ticks"均选择"None"（如图 2-19 所示）。

③ 点击"Tick Labels"选项卡，对坐标轴刻度数值进行设置。左侧依然是"Bottom""Top""Left""Right"，选择"Bottom"，勾选"Show Axis & Ticks"，"Type"（类型）选择"Numeric"，"Font"（字体）选择"Times New Roman"，"Color"选择"Black"，勾选"Bold"（加粗），"Point"（字体大小）选择"30"。纵坐标设置类似（如图 2-20 所示）。

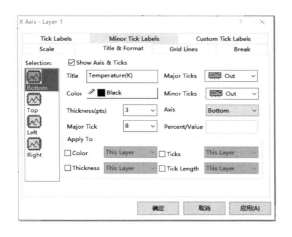

图 2-19 "Title & Format"设置界面

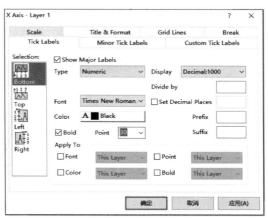

图 2-20 "Tick Labels"设置界面

④ 点击"确定"，即可查看设置后的效果。最终得到的图形如图 2-21 所示。

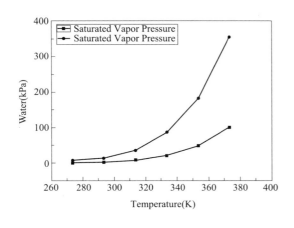

图 2-21 符合规范的图形

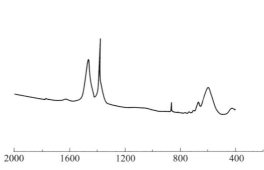

图 2-22 红外光谱图形

对于红外光谱数据等，坐标轴一般是逆序的，即坐标轴是由大到小的，可以在坐标轴设置对话框"Scale"选项卡内设置 From：2000，To：200，Increment：−400，则可以得到如图 2-22 所示的规范红外光谱图。

在绘制实验图形时，经常会在一个图形中绘制多条实验曲线，为了对曲线进行区分，通常需要使用不同类型的数据点或者不同类型的曲线，这需要对数据曲线和数据点进行设置。双击需要修改的曲线，打开如图 2-23 所示的"Plot Detail"（曲线设置）对话框，左侧部分树状图可以方便对文件夹内的图形和图形中的若干曲线进行直观的查看，右侧是对曲线进行设置的界面，分为"Line""Symbol""Drop Lines""Group"四个选项卡。默认情况下，图形中的多条曲线或者实验点是相互关联的，也就是说对其中任一部分进行设置会对其他部分产生影响，故一般需要解除关联。在"Group"选项卡下"Edit Mode"（编辑模式）选择"Independent"，点击"OK"即可单独对每条曲线和数据点进行设置。

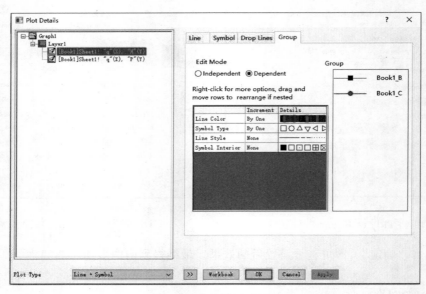

图 2-23   曲线设置对话框

（2）图形输出

Origin 中提供了多种图形格式，方便使用者保存使用图形，Origin 与 Office 有良好的兼容性，如果最终的图形是放在 Office 等兼容性良好的软件中使用，可以直接在 Origin 菜单栏中点击"Edit \ Copy Page"命令将图形复制到剪切板，然后在 Office 等程序中使用"粘贴"命令将图形保存到指定位置。值得注意的是，在 Office 等应用软件中，双击图形可以打开 Origin 软件并对图形进行编辑。

Origin 中还可以选择将图形保存在独立的文件中，这样便于保存和使用。在菜单栏中使用"File \ Saved Project As…"命令默认保存为 opg 或者 org 格式（为 Origin 的默认格式）。如果需要输出为其他格式保存，则点击菜单栏"File \ Export Graphs…"命令，打开如图 2-24 所示图形输出对话框。输出图形文件常用命令有："Image Type"选项下拉选择保存文件的格式，展开"Image Size"项选择输出图形的尺寸，点击"OK"即可输出图形文件。在输出图形文件前可以点击"Preview"在右侧对输出图形进行预览，方便对最终输出结果进行确认。

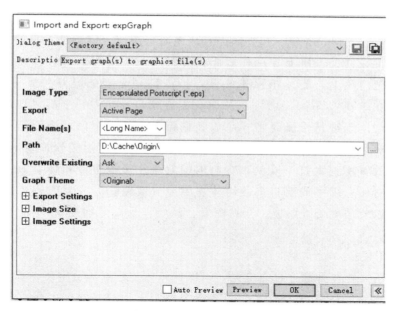

图 2-24　导入、导出对话框

2.2　实验仪器简介与使用

进行材料化学实验，首先应根据实验操作需要，选择合适的仪器与设备。现就材料化学实验有关的恒温干燥箱、真空泵、恒温加热/冷却循环器、双排管、乌氏黏度计、螺杆挤出机、注射成型机、塑料吹瓶机、密闭式炼胶机、万能制样机等实验仪器进行简介与使用说明。

2.2.1　恒温干燥箱

干燥是材料化学实验的基本操作之一，主要有热风恒温干燥、冷冻干燥、微波干燥等干燥方式，其中热风恒温干燥箱（图 2-25）、真空干燥箱（图 2-26）是最常用的干燥设备。

图 2-25　热风恒温干燥箱

图 2-26　真空干燥箱

（1）热风恒温干燥箱

主要由箱体、支架、加热、控温、循环风系统等组成，使用注意事项如下：①通电前，确保开关置在"关"档上，检查是否有断路或漏电现象。②第一次正式使用前先不要放样品，把门关上，旋开箱顶排气盖，指示灯亮后把加温开关置于"慢"档上，将温控仪设置在100℃，待升温到100℃时，温控仪自动恒温，之后可切断电源，打开箱门散热和散烟。③进行干燥时将样品放在搁板上，关上箱门，旋开箱顶排气盖，接上电源后，开启加热开关，使用时可选择加温快慢模式，将温控仪设置所需干燥温度。④使用时样品放置不宜太挤，以免影响箱内的对流。按规定使箱体有效接地，确保使用安全，通电时切忌用手或湿布接触箱体左侧电气线路。⑤升温时避免把水溅到箱门的观察窗上，以免玻璃受冷爆裂。⑥易挥发、易燃、易爆等物品请不要放进箱内加热，以防爆炸。

（2）真空干燥箱

真空干燥箱需要在外部连接真空泵，以保持箱体工作室内真空度。其组成与热风干燥箱基本相同。使用注意事项如下：①真空干燥箱不得放易燃、易爆、易产生腐蚀性气体物品进行干燥。②真空泵不能长时间工作，因此当真空度达到干燥物品要求时，应先关闭真空阀，再关闭真空泵电源，待真空度小于干燥物品要求时，再打开真空阀及真空泵电源，继续抽真空，这样可延长真空泵使用寿命。③在真空箱与真空泵间最好加入过滤器，防止潮湿气体进入真空泵，造成真空泵故障。④如果物品干燥后使得质量变轻、体积变小，应在工作室内与抽真空口间加隔阻网，以防干燥物吸入其中而损坏真空泵。⑤如产生不能抽真空的现象，应更换门封条或调整箱体上的门扣伸出距离来解决。

2.2.2 真空泵

真空泵是材料化学实验的基本仪器设备之一，其中水循环真空泵（图2-27）、旋片式真空泵（图2-28）是最常用的气体抽真空设备。

图2-27 水循环真空泵

图2-28 旋片式真空泵

水循环真空泵用循环水作为工作流体，利用射流产生的负压进行抽真空，可为蒸馏、干燥、减压过滤等实验过程提供负压条件。使用时必须定期换水，防止某些腐蚀性气体导致水箱内水质变差而产生气泡，影响真空度。真空度上不去时应检查被抽容器是否泄漏或皮管接口是否松动。如属泵的问题，则检查进水口或各气路是否堵塞或松动漏气；如真空泵电机不转，应检查电源或保险丝。

旋片式真空泵具有体积小、真空度高、启动方便等优点。主要使用注意事项有：使用前应先检查油位是否在油标 $\frac{1}{2}\sim\frac{2}{3}$ 处，试运转正常后方可开始工作，如抽吸含有腐蚀性尘埃的气体，需要在进气口前添加气体冷却吸附装置。

2.2.3 恒温加热/冷却循环器

材料化学实验有时需要进行温度控制，通常使用水（油）浴、电加热套、电加热板等进行加热，采用冰浴、冷却循环器、干冰（液氮）等进行降温。

实验需要的反应温度在80℃以下时，可以在恒温加热器（图2-29）中使用水作为介质对反应体系进行加热和温度控制较为合适。反应过夜时，可在水面放一层液体石蜡，这样能有效防止水分蒸发。当使用温度在250℃以下时，可以在恒温加热器中使用硅油作为加热介质，特别要注意硅油体积不宜太少，要浸没加热圈；同时要固定好感温探头，让其始终保持在介质中。

图2-29 恒温加热器

图2-30 电加热套

电加热套（图2-30）的最高使用温度可达450℃，具有保温性能好、安全方便、功率可调的等特点，可根据反应烧瓶的大小，选用不同规格的电加热套。

材料化学实验有时需要在低于室温的条件下进行，若反应需要在 $-21\sim0$℃下进行，大多采用碎冰和无机盐（氯化钠等）的混合物作为制冷剂。在 $-15\sim0$℃温度范围反应，可将反应烧瓶直接浸入以乙醇作为冷却介质的冷却循环器（图2-31）中；冷却循环器中冷却介质可从上端泵接口引出，作为冷却介质使用后回流循环。用干冰和乙醇的混合物，温度可以降至 -70℃，反应温度通常在 $-50\sim-40$℃范围内。

图 2-31　冷却循环器

2.2.4　双排管

若需要进行高真空，无水、无氧反应条件时，双排管反应系统因其灵活、方便而被广泛采用。

双排管系统示意如图 2-32 所示，主体为两根玻璃管，固定在实验台上，分别与惰性气体、真空系统相连，两者之间通过斜双孔三通旋塞进行连接，另一个出口接反应烧瓶（反应管），平时封闭出口。反应烧瓶（反应管）一般有两个接口，一个与双排管反应系统相连，一个用翻口橡胶塞或三通活塞密封，物料可以用注射器法、内转移法和双排管内转移法加入。

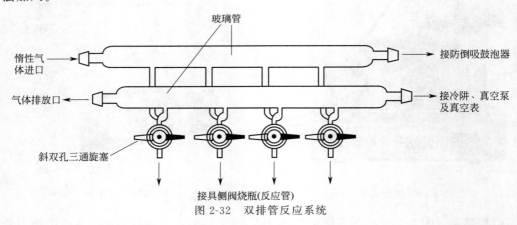

图 2-32　双排管反应系统

通过双排管内转移溶剂的过程如下：①在双排管的两个接口分别接上装好且处理好的溶剂烧瓶、接收烧瓶。②将保持在室温水浴中的溶剂瓶通过三通旋塞处于非连通状态；接收瓶三通旋塞处于连通状态。③通过加热的方式在真空状态下除去接收瓶内吸附的水分。待真空度显示稳定，液氮充分冷却接收瓶。④几分钟后，将溶剂瓶三通旋塞处于连通状态，因两者所处温度差异，溶剂自动冷凝到接收烧瓶中。⑤待接收瓶中溶剂体积达到要求后，关闭接收烧瓶三通旋塞；再用液氮冷却溶剂瓶，使整个体系中的溶剂充分冷凝回溶剂瓶。⑥关闭溶剂瓶三通旋塞，溶剂转移完成。

2.2.5　乌氏黏度计

乌氏黏度计（图 2-33）是一种在重力作用下使待测液体流过一段具有一定长度和内径的毛细管，通过测量液体流过时间间接表示液体黏度的黏度计。常用的玻璃乌氏黏度计有三个玻璃支管：测量管、放空管、进气管，毛细管设置在测量管。实验时将液体自进气管加入，在测量管将液体吸至测量球上部标记之上，然后使其在重力作用下流下，测量测量球的上部标记线和下部标记线之间的液体流出测量球的时间。溶液的流过时间为 t（单位：s），溶剂的流过时间为 t_0（单位：s），则可得相对黏度 $\eta_r = t/t_0$，进而可得出增比黏度 $\eta_{sp} = \eta_r - 1$，比浓黏度 η_{sp}/c，比浓对数黏度 $\ln\eta_r/c$，特性黏数 $[\eta] = \lim\limits_{c \to 0} \dfrac{\eta_{sp}}{c}$ 等。

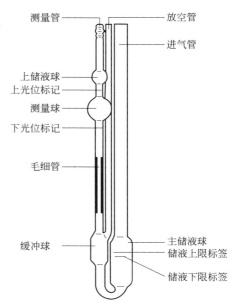

图 2-33　乌氏黏度计结构示意图

相对黏度 η_r 是溶液的黏度与溶剂黏度的比值，为无量纲量；增比黏度 η_{sp} 是相对于溶剂黏度而言，溶液黏度增加的分数，为无量纲量；比浓黏度 η_{sp}/c 是增比黏度与溶液浓度的比值，单位为 dL/g；比浓对数黏度 $\ln\eta_r/c$ 是相对黏度的自然对数与溶液浓度的比值，单位为 dL/g；特性黏数 $[\eta]$ 表示比浓黏度在无限稀释时的外推值，单位为 dL/g。

乌氏黏度计的应用包括如下几个方面。

（1）测定聚合物的分子量

聚合物的分子量（M）与其特性黏数之间存在如下关系，通过测量聚合物溶液的特性黏数，可以得出聚合物的平均分子量。

$$[\eta] = \lim\limits_{c \to 0} \frac{\eta_{sp}}{c} = KM^a$$

式中，K 和 a 被称为马克-霍温克参数，与聚合物种类、溶剂的种类和温度有关。

（2）分析聚合物在溶液中形态

聚合物在不同的溶剂中具有不同的扩张程度，从而其特性黏数的值也不同。因此根据聚合物在不同溶剂中的特性黏数值，可以初步判断聚合物在溶剂中的构象。

（3）判断聚合进行的程度

当采用溶液聚合方法合成聚合物时，随着聚合物分子量的不断增长，溶液的浓度也会不断增大。在聚合的不同阶段取样，用乌氏黏度计测定聚合物溶液的黏度，可以粗略评价聚合物合成的进行程度。

（4）聚合反应动力学研究

测量不同聚合时间所得聚合物的特性黏数，绘制特性黏数与时间的关系曲线，可以研究聚合过程所包含的阶段，分析不同阶段的动力学控制因素。通过特性黏数计算反应程度，绘制反应程度与时间的关系曲线，进而可以计算反应速率，通过不同条件下的反应速率可以确定聚合反应的速率方程，进一步求得速率常数及活化能。

乌氏黏度计使用方法：

（1）洗涤

先将乌氏黏度计用经熔砂漏斗过滤的水洗涤，倒挂干燥后，用新鲜温热的铬酸洗液浸泡数小时后，再用蒸馏水洗净，干燥后待用。

（2）溶液的配制

准确称取待测溶质，在烧杯中用少量溶剂使其全部溶解，移入容量瓶中，将容量瓶置于恒温水槽中恒温，用溶剂稀释至刻度，摇匀，再用熔砂漏斗将溶液滤入另一只无尘干燥的容量瓶中，放入恒温水槽中恒温待用。盛有无尘溶剂的容量瓶也放入恒温水槽中恒温待用。

（3）流出时间的测定

将黏度计垂直放入恒温水槽，使水面浸没测量管上部小球，从进气管注入溶液，恒温10min后，封住放空管，在测量管上方通过缓慢抽气方法将待测液体吸入到测量管上部小球中，而后放开放空管，使液体自由流下，用秒表记下液面从测量球上部标线到下部标线的时间，重复测三次，每次所测的时间相差不超过0.2s，取其平均值。

2.2.6 螺杆挤出机

挤出机是一种高分子材料制备及成型加工设备。高分子材料从料斗进入到挤出机，在螺杆或柱塞作用下向前输送，物料在向前运动的过程中，在料筒加热和剪切、压缩作用下熔融，融化的物料通过具有一定的形状的口模，继而冷却定型得到具有一定截面形状的连续制件。挤出机有螺杆式挤出机和柱塞式挤出机两大类，螺杆式挤出机为连续式挤出，柱塞式挤出机为间歇式挤出。柱塞式挤出机是借助柱塞的推挤压力，将预先塑化好的或由挤出机料筒加热塑化的物料从机头口模挤出而成型的，由于其生产是不连续的，而且挤出机对物料没有搅拌混合作用，故生产上较少采用。

螺杆式挤出机分为单螺杆挤出机和多螺杆挤出机。螺杆式挤出机（图2-34和图2-35）由传动系统、挤出系统、加热和冷却系统、控制系统等几部分组成，其中挤出系统是挤出成型的关键部分，主要包括加料装置、料筒、螺杆、机头和口模等几个部分。螺杆是挤出机的心脏，是挤出机的关键部件，螺杆的性能好坏，决定了一台挤出机的生产率、塑化质量、填加物的分散性、熔体温度、动力消耗等。

挤出机操作步骤如下：

（1）开车前的准备工作

① 用于挤出成型的原料。原材料应达到所需要的干燥要求，并将原料过筛除去结块团粒和机械杂质。

② 检查设备中水、电、气各系统是否正常，保证水、气路畅通、不漏，电器系统是

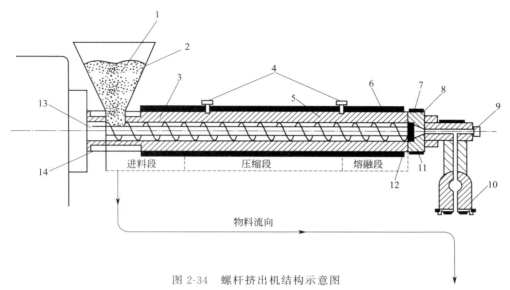

图 2-34　螺杆挤出机结构示意图

1—树脂；2—料斗；3—硬衬垫；4—热电偶；5—机筒；6—加热装置；7—衬套加热器；8—多孔板；
9—熔体热电偶；10—口模；11—衬套；12—过滤网；13—螺杆；14—冷却夹套

图 2-35　螺杆挤出机外观

否正常，加热系统、温度控制、各种仪表是否工作可靠；辅机空车低速试运转，观察设备是否运转正常；在各种设备滑润部位加油润滑。如发现故障及时排除。

③ 装机头及定型套。根据产品的品种、尺寸，选好机头规格，将机头装好。

（2）开车

① 在恒温之后即可开车，开车前应将机头和挤出机法兰螺栓再拧紧一次，以消除螺栓与机头热膨胀的差异，拧紧机头螺栓的顺序是对角拧紧，用力要均匀。拧紧机头法兰螺母时，要求四周松紧一致，否则会跑料。

② 开车，缓慢旋转螺杆转速调节旋钮，螺杆转速慢速启动。然后再逐渐加快，同时少量加料。加料时要密切注意主机电流表及各种指示表头的指示变化情况。螺杆扭矩不能超过红标。塑料型材被挤出之前，任何人均不得站于口模正前方，以防止因螺栓拉断或因原料潮湿放泡等原因而产生伤害事故。塑料从机头口模挤出后，即需将挤出物慢慢冷却并

引上牵引装置和定型模，并开动这些装置。然后根据控制仪表的指示值和对挤出制品的要求，将各部分作相应的调整，以使整个挤出操作达到正常状态，并根据需要加足料。

③ 根据挤出物料质量优化调整螺杆转速、机筒和机头温度，直至达到要求。

（3）停车

① 停止加料，将挤出机内的塑料挤完后关闭机筒和机头电源，停止加热。

② 关闭挤出机及辅机电源，使螺杆和辅机停止运转。

③ 打开机头联接法兰，拆卸机头。清理多孔板及机头的各个部件。

④ 螺杆、机筒的清理，拆下机头后，重新启动主机，加停车料（或破碎料），清洗螺杆、机筒，此时螺杆选用低速以减少磨损。待停车料碾成粉状完全挤出后，可用压缩空气从加料口、排气口反复吹出残留粒料和粉料，直至机筒内确实无残存料后，降螺杆转速至零，停止挤出机，关闭总电源及冷水总阀门。

2.2.7 注射成型机

注射成型是使热塑性或热固性高分子材料在注射机加热料筒中均匀塑化，然后由螺杆或柱塞将物料推挤到闭合模具型腔中成型高分子材料制品的方法。注射成型的生产效率高、制品精度好，广泛应用于尺寸精度要求高或带嵌件的制品生产。注射成型机（图2-36和图2-37）由注射系统、合模系统、液压传动系统、电气控制系统、润滑系统、加热及冷却系统、安全监测系统等组成。注射机按塑化方式分为：螺杆式注射机、柱塞式注塑机和螺杆塑化-柱塞式注塑机。各类注塑机的工作特性不同，并且在生产时完成的动作程序也可能不尽相同，但是其成型的基本过程及原理是相同的。塑模作为赋予高分子材料制品形状的部件，其结构和型腔决定着注射成型制品的生产效率、制品的几何结构和制品的部分性能。

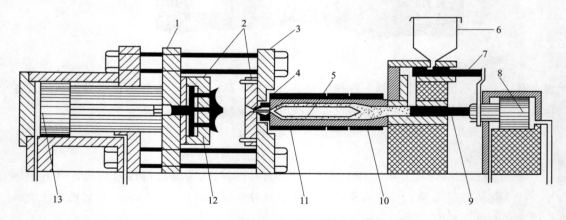

图 2-36　螺杆式注射成型机结构示意图

1—动模板；2—注射模具；3—定模板；4—喷嘴；5—分流梭；6—料斗；7—加料调节装置；
8—注射油缸；9—注射活塞；10—加热器；11—加热料筒；12—顶出杆（销）；13—锁模油缸

注射成型机操作步骤如下：

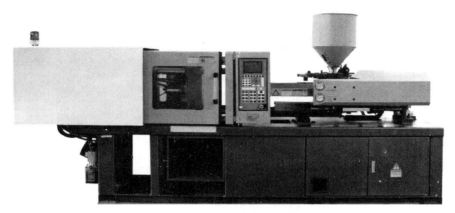

图 2-37　卧式注射成型机外观

① 检查电器控制箱内是否有水、油进入，若电器受潮，切勿开机。应由维修人员将电器零件吹干后再开机。

② 检查供电电压是否符合要求，一般不应超过±6%。

③ 检查急停开关，前后安全门开关是否正常。

④ 验证电动机与油泵的转动方向是否一致。

⑤ 检查各冷却管道是否畅通，并向油冷却器和机筒端部的冷却水套通冷却水。

⑥ 检查各活动部位是否有润滑油，如果缺少，则加足润滑油。

⑦ 打开电热开关，对机筒各段进行加热。当各段温度达到要求时，再保温一段时间，以使机器温度趋于稳定。保温时间根据不同设备和塑料原料的要求而有所不同。

⑧ 在料斗内加足够的物料。

⑨ 盖好机筒上的隔热罩。

⑩ 闭模、预塑、注射座前移、注射、保压、注射座后移、冷却定型、开模、顶出、开安全门、取件、关安全门。

⑪ 工作结束后，将机筒内的塑料清理干净

⑫ 停机后，清洁机台、断电、断水。

2.2.8　塑料吹瓶机

吹瓶机（图 2-38）通过吹塑工艺将塑料颗粒制作成中空容器的设备。热塑性树脂经挤出或注射成型得到的管状塑料型坯，趁热（或加热到软化状态）置于对开模中，闭模后立即在型坯内通入压缩空气，使塑料型坯吹胀而紧贴在模具内壁上，经冷却脱模，即得到各种中空制品。挤出吹塑过程示意如图 2-39 所示。

吹瓶机使用步骤如下：

① 了解原料工艺特性，结合基础理论知识和吹塑制品要求，拟定挤出机各段、机头和模具的加热、冷却以及成型过程各工艺条件。

② 开启总电源。

图 2-38　吹瓶机外观

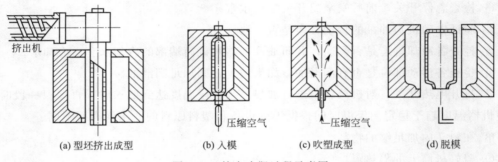

(a) 型坯挤出成型　　(b) 入模　　(c) 吹塑成型　　(d) 脱模

图 2-39　挤出吹塑过程示意图

③ 开启油泵电机，检查液压系统的功能。

④ 接通压缩空气气源，检查气动系统功能。检查气嘴是否对正模具口颈，如有偏差，用调节机构校正。检查气嘴凸缘是否刚好接触模口。

⑤ 开启料筒、模头各加温区电源，设定温度，加热至设定温度后，恒温 15min。打开控制箱面板上各开关，选定机器工作方式为自动，调整各个定时器的定时时间。

⑥ 加入备好的原料，启动主机，开始自动吹瓶操作。

⑦ 观察制品的厚度均匀程度和各部位的透明程度，调整挤出温度、挤出速度、口模环隙，直到合格为止。

2.2.9　密闭式炼胶机

密闭式炼胶机简称密炼机（图 2-40），是指在一定的温度和压力的密闭状态下，通过一对特定形状并相向回转的转子对聚合物材料进行塑炼和混炼的机械。密炼机具有混炼容量大、时间短、生产效率高及能较好克服粉尘飞扬、减少配合剂的损失、改善产品质量与工作环境、操作安全便利、劳动强度低、有益于实现机械与自动化操作等优点。密炼机一般由密炼室、两个相对回转的转子、上顶栓、下顶栓、测温系统、加热和冷却系统、排气系统、安全装置、排料装置和记录装置组成。转子的表面有螺旋状突棱，突棱的数目有二棱、四棱、六棱等，转子的断面几何形状有三角形、圆筒形或椭圆形三种，有切向式和啮合式两类。测温系统由热电偶组成，主要用来测定混炼过程中密炼室内温度的变化；加热和冷却系统主要是为了控制转子和混炼室内腔壁表面的温度。

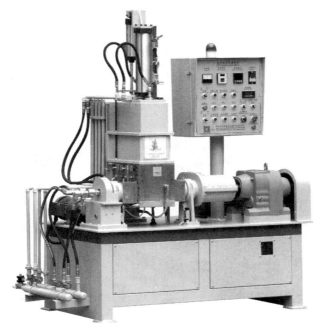

图 2-40　密炼机外观

密炼机工作时，两转子相对回转，将来自加料口的物料夹住带入辊缝，使其受到转子的挤压和剪切，穿过辊缝后碰到下顶栓尖棱被分成两部分，分别沿前后室壁与转子之间缝隙再回到辊隙上方。在绕转子流动的一周中，物料处处受到剪切和摩擦作用，使物料的温度急剧上升、黏度降低，使聚合物与配合剂表面充分接触。配合剂团块随同主料一起通过转子与转子间隙、转子与上下顶栓间隙、密炼室内壁的间隙，受到剪切而破碎，被拉伸变形的物料包围。同时，转子上的凸棱使物料沿转子的轴向运动，起到搅拌混合作用，使配合剂在物料中混合均匀。

密炼机使用步骤如下：

① 按照密炼机密炼室的容量和合适的填充系数（0.6～0.7），确定配方，并根据配方，准确称量配方中各种原料。

② 打开密炼机电源开关及加热开关，给密炼机预热，同时检查风压、水压、电压是否符合工艺要求，检查测温系统、计时装置、功率系统指示和记录是否正常。

③ 提起上顶栓，将已切成小块的生胶从加料口投入密炼机，落下上顶栓，开始炼胶。

④ 提起上顶栓，加入小料，落下上顶栓混炼；其他添加剂依次进行类似操作。

⑤ 混炼结束后卸料。

2.2.10　万能制样机

万能制样机（图 2-41）是制备各种规格的力学性能试样条的设备，采用全自动 CNC 数控系统控制、操作简便、自动切割样条，切割精度高、速度快，制作的试样形状不受机器限制，只要提供程序，就可以制作各种形状的试样，如条形、哑铃型、圆形及各种不规则图形等；主要用于铝合金、铜等有色金属材料及橡胶、塑料、玻璃钢、纤维板、特殊复合材料等的制样，也可以用于材料粉末取样等；通过程序控制器控制三轴联动系统，实现金属或者非金属板材的样条切割、哑铃型试样切割、冲击缺口切割功能，并可以将任意形状的材料进行铣削。可制备出完全符合 GB/T 1043、GB/T 1040、ISO 8004.2、GB/T 9865、GB/T 1843、ISO 179、ISO 180 等国家标准和国际标准的试样。

图 2-41　万能制样机外观

缺口制样使用方法：

① 根据加工的试样类型及缺口类型，选用相应的标准刀具，装入铣刀头并夹紧。

② 根据加工的试样类型，选用相应的标准钳口垫块，装卡试样，使试样上面与钳口上面平齐，使试样中心对准钳口中心槽。

③ 横向调整钳口工作台，使试样中心对准铣刀中心。

④ 进行纵向进给及高度进给，将试样移到铣刀下方，把试样靠在铣刀上，使试样上面与铣刀接触，固定百分表测定试样高度，此时试样高度位置为基准位置。纵向移动使试

样移离铣刀下方，升高钳口工作台至缺口深度，由百分表测定。用锁紧丝锁定高度，移离百分表。

⑤ 启动电机，驱动铣刀旋转，进行纵向进给，使铣刀铣切试样缺口，直至加工完成。

⑥ 停止电机，取出试样，完成一次制样过程。

哑铃制样操作方法：

① 根据加工的试样类型，选用相应的标准哑铃仿形靠模，将试样装入仿形靠模并夹紧。

② 将仿形靠模装入滑动架上，调整后面的靠板，使靠模与滑动架的前平台对齐并锁紧。

③ 先打开哑铃刀开关，再打开调速器开关，哑铃刀开始切削，进给电机按预定的方向（左或右）进给，通过左右开关改变进给方向；也可以打到右后调节好限位，实现自动往返切割。

④ 调整弹簧给定横向压紧力，使铣刀铣切试样，直至铣完一面。

⑤ 停止电机，停止进给，取下仿形靠模，掉转靠模另一面，重新装入滑动架上并夹紧。

⑥ 重复上述操作，直至加工完成。

⑦ 停止电机，停止进给，将方向打至左边，退出自动进给状态，取下仿形靠模，取出试样，完成一次制样过程。

试样切割操作方法：

① 根据加工的材料类型，选用相应的夹具。

② 加工板材试样时，若板材太大，拿下上工作台（滑动工作台面），将大张板材切割成适当大小条状。然后清理下工作台面，放上上工作台面，选用平板靠模，根据试样尺寸调整好靠模，使试样尺寸与标尺相符，使试样沿靠模向前切割。

③ 移动滑动平台，使试样处于切割的初始位置。

④ 启动电机，驱动锯片旋转。

⑤ 缓慢向前移动滑动平台，使锯片切割试样，直至切割完成。

⑥ 停止电机，取下试样，完成一次切割过程。

2.3 材料表征仪器简介与使用

2.3.1 核磁共振

核磁共振现象是美国斯坦福大学的 F. Block 和哈佛大学的 E. M. Purcell 于 1945 年同时发现的，为此，他们荣获了 1952 年的诺贝尔物理学奖。科学家利用核磁共振现象开发出了核磁共振技术，它与元素分析、紫外光谱、红外光谱、质谱等方法配合，已成为化合物结构测定的有力工具。目前核磁共振技术已经深入到化学学科的各个领域，广泛应用于有机化学、生物化学、药物化学、配位化学、无机化学、高分子化学、环境化学、食品化学及与化学相关的多个学科，并对这些学科的发展起着极大的推动作用。

核磁共振谱仪的一般操作主要包括：放置样品、锁场、调节匀场、探头调谐、设置参数、数据的采集与处理，下面分别予以介绍。

（1）样品

首先要有足够的样品量，一般300兆核磁测氢谱需 $2\sim10$ mg，500兆核磁测氢谱需0.5mg以上，碳谱需要的样品量更大。选择适当氘代试剂的溶解，使样品完全溶解。如果用5mm的样品管，氘代试剂的量要使液面高度在3cm以上。

将样品管插入转子后，放入量尺量深到底；若溶液高度不能盖满量尺的黑色标线，可稍提样品管，使溶液中间位置与量尺中间刻度一致。

将带有转子的样品管小心放入充满气流的磁铁入口，"down"下。样品的旋转可以消除磁场在 XY 方向的不均匀度，提高分辨率。

（2）锁场

按锁场钮，使锁场单元工作，锁住磁场。锁场的目的是使磁场稳定。

（3）调节匀场

在操作键盘上标有 X、Y、Z、XY、$X2\text{-}Y2$ 和 $Z3$ 等字母，表示一阶、二阶、三阶的不同方向磁场的均匀度。

调节匀场时，一般先调节 $Z1$、$Z2$、$Z3$ 和 $Z4$，然后调节 X、Y 方向。匀场的目的是找到各方向之间配合的最佳位置。另外，各高阶按钮在仪器验收时已经调好，平时不要随便调试，否则一旦调乱，很难找到最佳配合。

（4）探头调谐

为了获得最高的灵敏度，要进行探头调谐。通过反复的调谐和匹配，使接收到的功率最大，反射的功率最小。

（5）设置参数

① 测试参数文件　一般仪器出厂时，已经设置好一些常用测试方法的参数，只要调用文件就可以利用这些参数测试。

② 观察核　待测试原子核的谱。

③ 照射核　有时在观察通道测试时，需要去耦，选择去耦照射的原子核。

④ 共振频率　磁场强度一定，不同原子核的共振频率不同。

⑤ 数据点　用二进制点表示图谱的曲线。

⑥ 谱宽　所观察谱的频带宽。

⑦ 脉冲宽带　照射脉冲持续的时间，一般为微秒。照射脉冲持续时间越长，磁化矢量的倾角越大，得到的信号越大，但等待弛豫时间延长。一般用 $45\sim60$ 度脉冲弛豫时间较短，在单位时间内累加次数增多，信号增长较快。

⑧ 照射功率　照射脉冲强度。

⑨ 接收增益　指接收信号放大倍数。信号放大提高了灵敏度，但是放大倍数过大产生过饱和使信号变形，不同浓度的样品要设置相应的接收增益。

⑩ 累加次数　设置总累加次数。如果使用的探头不是梯度场的，累加次数应为 4 的整数倍，否则有可能产生干扰峰。

（6）数据的采集与处理

输入采集命令即可开始采样。采样结果为 FID 信号，即时域谱；傅立叶变换，将时域谱变成频域谱。然后进行相位纠正使峰型对称，基线校正使基线平滑，域值线以上的峰标出化学位移，予以积分（注意区分溶剂峰及杂质峰）。

2.3.2　凝胶色谱

一个含有各种分子的样品溶液缓慢地流经凝胶色谱柱时，各分子在柱内同时进行着两种不同的运动：垂直向下的移动和无定向的扩散运动。大分子物质由于直径较大，不易进入凝胶颗粒的微孔，而只能分布在颗粒之间，所以在洗脱时，向下移动的速度较快。小分子物质除了可在凝胶颗粒间隙中扩散外，还可以进入凝胶颗粒的微孔中，即进入凝胶相内，在向下移动的过程中，从一个凝胶胶粒内扩散到颗粒间隙后再进入另一凝胶颗粒，如此不断地进入和扩散，小分子物质的下移速度落后于大分子物质，从而使样品中分子大的先流出色谱柱，中等分子的后流出，分子最小的最后流出，这种现象叫分子筛效应。具有多孔的凝胶就是分子筛。

各种分子筛的孔隙大小分布有一定范围，有最大极限和最小极限。分子直径比凝胶最大孔隙直径大的，就会全部被排阻在凝胶颗粒之外，这种情况叫全排阻。两种全排阻的分子即使大小不同，也不能有分离效果。直径比凝胶最小孔直径小的分子能进入凝胶的全部孔隙。如果两种分子都能全部进入凝胶孔隙，即使它们的大小有差别，也不会有好的分离效果。因此，一定的分子筛有一定的使用范围。

在凝胶色谱中会有三种情况，一是分子很小，能进入分子筛全部的内孔隙；二是分子很大，完全不能进入凝胶的任何内孔隙；三是分子大小适中，能进入凝胶的内孔隙中孔径大小相应的部分。大、中、小三类分子彼此间较易分开，但每种凝胶分离范围之外的分子，在不改变凝胶种类的情况下是很难分离的。对于分子大小不同，但同属于凝胶分离范围内的各种分子，在凝胶床中的分布情况是不同的：分子较大的只能进入孔径较大的那一部分凝胶孔隙内，而分子较小的可进入较多的凝胶颗粒内，这样分子较大的在凝胶床内移动距离较短，分子较小的移动距离较长。于是分子较大的先通过凝胶床而分子较小的后通过凝胶床，这样就利用分子筛可将分子量不同的物质分离。另外，凝胶本身具有三维网状结构，大的分子在通过这种网状结构上的孔隙时阻力较大，小分子通过时阻力较小。分子量大小不同的多种成分在通过凝胶床时，按照分子量大小排队，凝胶表现分子筛效应。

凝胶色谱不但可以用于分离并测定高聚物的分子量和分子量分布，同时根据所用凝胶填料不同，可分离脂溶性和水溶性物质，分离分子量的范围从几百万到 100 以下。近年来，凝胶色谱也广泛用于小分子化合物。分子量相近而化学结构不同的物质，不可能通过凝胶渗透色谱法达到完全分离纯化的目的，分子量相差需在 10% 以上才能得到分离。

2.3.3 红外光谱

2.3.3.1 红外吸收光谱的定义及产生

分子的振动能量比转动能量大，当发生振动能级跃迁时，不可避免地伴随有转动能级的跃迁，所以无法测量纯粹的振动光谱，而只能得到分子的振动-转动光谱，这种光谱称为红外吸收光谱。

红外吸收光谱也是一种分子吸收光谱。当样品受到频率连续变化的红外光照射时，分子吸收了某些频率的辐射，并由其振动或转动运动引起偶极矩的净变化，产生分子振动和转动能级从基态到激发态的跃迁，使相应于这些吸收区域的透射光强度减弱。记录红外光的百分透射比与波数或波长关系曲线，就得到红外光谱。

2.3.3.2 基本原理

（1）产生红外吸收的条件

① 分子振动时，必须伴随有瞬时偶极矩的变化。对称分子：没有偶极矩，受到辐射不能引起共振，无红外活性。如：N_2、O_2、Cl_2 等。非对称分子：有偶极矩，具有红外活性。

② 只有当照射分子的红外辐射的频率与分子某种振动方式的频率相同时，分子吸收能量后，从基态振动能级跃迁到较高能量的振动能级，从而在图谱上出现相应的吸收带。

（2）分子的振动类型

伸缩振动：键长变动，包括对称与非对称伸缩振动。

弯曲振动：键角变动，包括剪式振动、平面摇摆、非平面摇摆、扭曲振动。

（3）几个术语

基频峰：由基态跃迁到第一激发态，产生一个强的吸收峰，基频峰。

倍频峰：由基态直接跃迁到第二激发态，产生一个弱的吸收峰，倍频峰。

组频：如果分子吸收一个红外光子，同时激发了基频分别为 v_1 和 v_2 的两种跃迁，此时所产生的吸收频率应该等于上述两种跃迁的吸收频率之和，故称组频。

特征峰：凡是能用于鉴定官能团存在的吸收峰，相应频率称为特征频率。

相关峰：相互可以依存而又相互可以佐证的吸收峰称为相关峰。

（4）影响基团吸收频率的因素

① 外部条件对吸收峰位置的影响：物态效应、溶剂效应。

② 分子结构对基团吸收谱带的影响

a. 诱导效应　通常吸电子基团使邻近基团吸收波数升高，给电子基团使波数降低。

b. 共轭效应　基团与吸电子基团共轭，使基团键力常数增加，因此基团吸收频率升高，基团与给电子基团共轭，使基团键力常数减小，因此基团吸收频率降低。

c. 协同效应（同时存在诱导效应和共轭效应）　若两者作用一致，则两个作用互相加强；若不一致，取决于作用强的作用。

d. 偶极场效应　互相靠近的基团之间通过空间起作用。

e. 张力效应　环外双键的伸缩振动波数随环减小其波数越高。

f. 氢键效应　氢键的形成使伸缩振动波数移向低波数，吸收强度增强。

g. 位阻效应　共轭因位阻效应受限，基团吸收接近正常值。

h. 振动耦合　两个振动频率相同或相近的基团相邻并由同一原子相连时，两个振动相互作用（微扰）产生共振，谱带一分为二（高频和低频）。

i. 互变异构的影响　有互变异构的现象存在时，在红外光谱上能够看到各种异构体的吸收带。各种吸收的相对强度不仅与基团种类有关，而且与异构体百分含量有关。

2.3.3.3　红外吸收光谱法的解析

红外光谱一般解析步骤：

① 检查光谱图是否符合要求。

② 了解样品来源、样品的理化性质、其他分析的数据、样品重结晶溶剂及纯度。

③ 排除可能的"假谱带"。

④ 若可以根据其他分析数据写出分子式，则应先算出分子的不饱和度 U

$$U=(2+2n_4+n_3-n_1)/2$$

式中，n_4，n_3，n_1 分别为分子中四价，三价，一价元素数目。二价原子如 S、O 等不参加计算。

当 $U=0$ 时，表示分子是饱和的，为链状烃及其不含双键的衍生物；

当 $U=1$ 时，可能有一个双键或脂环；

当 $U=2$ 时，可能有两个双键和脂环，也可能有一个三键；

当 $U=4$ 时，可能有一个苯环等。

⑤ 确定分子所含基团及化学键的类型（官能团区的波数范围 $4000\sim1330cm^{-1}$ 和指纹区的波数范围 $1330\sim650cm^{-1}$）。

⑥ 结合其他分析数据，确定化合物的结构单元，推出可能的结构式。

⑦ 已知化合物分子结构的验证。

⑧ 标准图谱对照。

⑨ 计算机谱图库检索。

2.3.3.4　红外吸收光谱法的应用

红外光谱法广泛用于有机化合物的定性鉴定和结构分析。

（1）定性分析

① 已知物的鉴定　将试样的谱图与标准的谱图进行对照，或者与文献上的谱图进行对照。如果两张谱图各吸收峰的位置和形状完全相同，峰的相对强度也一样，就可以认为样品是该种标准物。如果两张谱图不一样，或峰位不一致，则说明两者不为同一化合物，或样品有杂质。如用计算机谱图检索，则采用相似度来判别。使用文献上的谱图应当注意试样的物态、结晶状态、溶剂、测定条件以及所用仪器类型均应与标准谱图相同。

② 未知物结构的测定　测定未知物的结构，是红外光谱法定性分析的一个重要用途。如果未知物不是新化合物，可以通过两种方式利用标准谱图进行查对。

a. 查阅标准谱图的谱带索引，寻找试样光谱吸收带相同的标准谱图。

b. 进行光谱解析，判断试样的可能结构，然后再由化学分类索引查找标准谱图，对照核实。

c. 准备工作。在进行未知物光谱解析之前，必须对样品有透彻的了解，例如样品的来源、外观，根据样品存在的形态，选择适当的制样方法；注意观察样品的颜色、气味等，这些往往是判断未知物结构的佐证。还应注意样品的纯度以及样品的元素分析及其他物理常数的测定结果。元素分析是推断未知样品结构的另一依据。样品的分子量、沸点、熔点、折射率、旋光度等物理常数，可作光谱解释的旁证，并有助于缩小化合物的范围。

d. 定未知物的不饱和度。由元素分析的结果可求出化合物的经验式，由分子量可求出其化学式，并求出不饱和度。从前述不饱和度 U 的经验公式可推出化合物可能的范围。

根据官能团的初步分析可以排除一部分结构的可能性，确定某些可能存在的结构，并可以初步推测化合物的类别。

图谱的解析主要是靠长期的实践、经验的积累，至今仍没有一个特定的办法。一般程序是先官能团区，后指纹区；先强峰，后弱峰；先否定，后肯定。

首先在官能团区（波数范围 $4000\sim1300cm^{-1}$）搜寻官能团的特征伸缩振动，再根据指纹区的吸收情况，进一步确认该基团的存在以及与其他基团的结合方式。如果是芳香族化合物，应定出苯环取代位置；再结合样品的其他分析资料，综合判断分析结果，提出最可能的结构式；最后用已知样品或标准图谱对照，核对判断的结果是否正确。如果样品为新化合物，则需要结合紫外、质谱、核磁等数据，才能判断所提的结构是否正确。

e. 几种标准谱图　萨特勒（Sadtler）标准红外光谱图；奥尔德里奇（Aldrich）红外光谱图库；西格玛傅立叶（Sigma Fourier）红外光谱图库。

（2）定量分析

红外光谱定量分析是通过对特征吸收谱带强度的测量来求出组分含量。其理论依据是朗伯-比耳定律。

由于红外光谱的谱带较多，选择的余地大，所以能方便的对单一组分和多组分进行定量分析。

此外，该法不受样品状态的限制，能定量测定气体、液体和固体样品。因此，红外光谱定量分析应用广泛。但红外光谱法定量灵敏度较低，尚不适用于微量组分的测定。

定量分析方法：可用标准曲线法、求解联立方程法等方法进行定量分析。

2.3.4　热重分析仪

（1）简介

物质在加热或冷却过程中除了产生热效应外，还会有质量变化，其变化的大小及出现的温度与物质的化学组成和结构密切相关。利用在加热和冷却过程中的物质质量变化的特点，可以区别和鉴定不同物质。热重分析仪（Thermo Gravimetric Analyzer，TGA）就是一种利用热重法检测物质温度-质量变化关系的仪器。热重法是在程序控温下，测量物质的质量随温度（或时间）的变化关系。当被测物质在加热过程中有分解出气体、汽化、升华或失去结晶水时，被测的物质质量就会发生变化。这时热重曲线就不再是平行于横坐标的直线，而是会有所下降的。通过分析热重曲线，就可以知道被测物质在多少温度时发生变化，并且根据失重量，可以计算失去了多少物质（如 $CuSO_4 \cdot 5H_2O$ 中的结晶水）。TGA 实验可用于研究晶体性质的变化，如升华、蒸发、熔化与吸附等物质的物理现象；也可用于研究物质的氧化、还原、脱水、解离等物质的化学现象。

热重分析通常可分为两类：动态（升温）与静态（恒温）。

热重法试验得到的曲线称为热重曲线（TG 曲线），TG 曲线以质量作纵坐标，从上向下表示质量减少；以温度（或时间）作横坐标，自左至右表示温度（或时间）增加。

热重分析仪（图 2-42）主要由天平、炉子、程序控温系统、记录系统等几个部分构成。

图 2-42　TGA -601 热重分析仪

常用的测量原理有两种，即变位法与零位法。变位法，是根据天平梁倾斜度与质量变化成比例的关系，用差动变压器检测倾斜度，并自动记录。零位法是采用差动变压器法、光学法测定天平梁的倾斜度，然后去调整安装在天平系统与磁场中线圈的电流，使线圈转动恢复天平梁的倾斜。由于线圈转动所施加的力与质量变化成比例。这个力又与线圈中的电流成比例。因此只需测量并记录电流的变化，便可得到质量变化的曲线。

（2）热重分析仪的操作流程

① 开机预热 30min，待仪器稳定，打开载气和循环水阀门，载气输入压力为 0.15MPa。

② 称量样品。样品装填量不大于坩埚容积的 1/3（若测试温度超过 500℃，必须使用陶瓷坩埚！）信号较弱时，可适当增加样品量。

③ 装样。按住仪器两侧按钮，将加热炉升起，用镊子将参比坩埚（一般为空坩埚）和装有样品的坩埚放置于传感器平台上，放置时要小心轻放不可晃动传感器。样品放置完毕，降下加热炉。

④ 编程。打开电脑，启动"Data Acquisition"软件，根据样品实验条件，在"experiment properties"中输入样品名、样品质量、坩埚种类等信息，并对样品的反应程序进行编程。其中载气选择红色为气路 1，绿色为气路 2。

⑤ 开始实验。再次检查确认载气和循环水正常，确认仪器数据稳定后，点击开始进行测试，在窗口可看到实时的 TG-DSC 曲线。易与空气发生化学反应的样品，在测试前要用真空泵抽真空 30min 或通入惰性气体 20min。

⑥ 数据处理。打开"processing"软件，通过"Heatflow"曲线，可得到样品外推起始点（熔点）、结晶温度、相变温度等信息。通过 TG 曲线可得到样品的失重量、失重率等数据。

⑦ 测试完成以后，导出数据，将数据刻录到送样人光盘上。

⑧ 关机。炉内温度降至室温后，方可取出坩埚。依次关闭电脑、仪器电源开关、载气和循环水阀门。

2.3.5　差示扫描量热仪

（1）简介

差示扫描量热仪（DSC）是在程序控制温度下测量输入到试样和参比物的能量差与温度（或时间）关系的一种技术。根据测量方法的不同可分为两种基本类型：功率补偿型和热流型，两者分别测量输入试样和参比物的功率差及试样和参比物的温度差。

（2）功率补偿型 DSC 的原理

功率补偿型 DSC 的主要特点是试样和参比物分别具有独立的加热器和传感器。整个仪器由两个控制系统进行监控，其中一个用于控制温度，使试样和参比物以预定的程序升温或降温；另一个则用于补偿试样和参比物之间的温差。这个温差是由试样的吸热或放热效应产生的，从补偿功率可以直接求得热流率。

（3）DSC 在聚合物中的应用

DSC 在聚合物领域中具有广泛的应用，包括：①物性（如玻璃化转变温度、熔融温度、结晶温度、结晶度、比热容等）测定；②材料测定；③混合物组成的含量测定；④吸附、吸收和解吸过程研究；⑤反应性研究（聚合、交联、氧化、分解，反应温度或温区等）；⑥动力学研究。图 2-43 为聚合物的典型 DSC 模式曲线，从中可以得到聚合物的各种物性参数。

聚合物结晶度 X_C 的计算如下公式所示：

$$X_C = \frac{\Delta H_m}{\Delta H^*} \times 100\%$$

式中，ΔH_m 为试样的熔融热；ΔH^* 为完全结晶聚合物的熔融热。

（4）实验步骤和注意事项

① 实验步骤　开机预热 30min。转动手柄将电炉的炉体升到顶部，然后将炉体向前

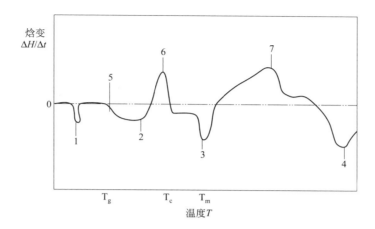

图 2-43　聚合物的典型 DSC 模式曲线

1—固-固一级转变；2—偏移的基线；3—熔融转变；4—降解或汽化；

5—玻璃化转变；6—结晶；7—固化，交联，氧化等

方转出。准确称量 5～6mg 聚乙烯塑料（PE）样品于坩埚中，放在样品支架的右侧托盘上，α-Al_2O_3 参比坩埚放在左侧的托盘上。小心地合上炉体，转动手柄将电炉的炉体降回到底部。将"差动/差热"开关置于"差动"的位置，量程开关置于 $\pm100\mu V$ 的位置。设定升温范围为 0～300℃，升温时间为 30min，并在软件中设定相关参数。打开加热开关，开始升温，同时软件开始采集曲线。测量结束后，停止采集，保存曲线。停止升温，关闭加热开关。关闭软件，关闭各仪器开关。

② 注意事项　样品应装填紧密、平整，如在动态气氛中测试，还需加盖铝片。升温程序的第二段设为 300～-121℃，-121℃ 为降温停止指令，300℃ 为升温停止指令。"斜率"旋钮用于调整基线水平，由管理员提前调整完成。

（5）实验数据记录和处理

① 聚合物熔点 T_m　从 DSC 曲线熔融峰的两边斜率最大处引切线，相交点所对应的温度作为 T_m。

② 聚合物熔融热 ΔH_m　根据被测试样的 DSC 曲线熔融峰面积，即可求得其 ΔH_m。

③ 记录　分别记录聚合物的结晶起始温度 Tonset 和结束温度 Tend。

2.3.6　透射电镜

（1）简介

透射电子显微镜（Transmission Electron Microscope，TEM），简称透射电镜（图 2-44），可以看到在光学显微镜下无法看清的小于 $0.2\mu m$ 的细微结构，这些细微结构称为亚显微结构或超微结构。要想看清这些结构，就必须选择波长更短的光源，以提高显微镜的分辨率。透射电子显微镜是以电子束为光源，把经加速和聚集的电子束投射到非常薄的样品上，电子与样品中的原子发生碰撞而改变方向，从而产生立体角散射。散射角的大小

与样品的密度、厚度相关，因此可以形成明暗不同的影像，影像将会在放大、聚焦后，在成像器件（如荧光屏、胶片以及感光耦合组件）上显示出来。因电子束的波长要比可见光和紫外光的更短，所以，TEM 的分辨力更高，目前其分辨率可达 0.2nm。

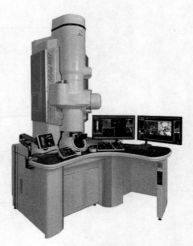

透射电子显微镜的放大倍数最高可达近百万倍，其由电源系统、真空系统、照明系统、成像系统、记录系统 5 部分构成。目前 TEM 有两种最常见的工作模式：成像模式和衍射模式。在成像模式下，可以得到样品的形貌、显微结构等信息；而在衍射模式下，可以对样品微区进行物相分析，结构鉴定。

透射电子显微技术自 20 世纪 30 年代诞生以来，经过

图 2-44　透射电子显微镜

数十年的发展，现已在纳米材料、半导体研究、化学化工、物理、生物（癌症研究、病毒学）等科学研究领域中物质的微观结构观察和分析等方面显示出巨大作用。

（2）TEM 标准操作规程

① 换样品

a. 关闭 FILAMENT

b. 抽出样品杆后逆时针方向旋转；在当前位置继续抽出样品杆后逆时针旋转。

c. 保持当前样品杆状态，打开放气开关，轻轻扶住样品杆，待放气结束后取出样品杆。

d. 利用弯镊子和专用工具，轻轻取下样品杆头，放在样品支架上。

e. 用相应尺寸的钟表螺丝刀，松开紧固螺丝（注意不要把螺丝全部拧下），拨开压簧将欲观察之样品放入。拨回压簧，紧固螺丝后将样品杆头装回样品杆。

f. 插入样品杆并压紧，打开真空电源，待真空泵启动后手方可离开。

g. 等高真空指示灯（绿灯）亮后，顺时针旋转样品杆并推入，到达第一固定位置后，继续顺时针旋转样品杆后推入样品杆。

② 观察

a. 到达高真空后，等 FILAMENT 指示灯亮，按下相应的开关 ON，等待 20s 左右，监视器上将出现光斑。

b. 调节 SHIFT—X、SHIFT—Y、BRIGHTNESS 旋钮，使光斑大小合适，位置适中。利用轨迹球，调整样品位置，得到所需结构。利用 SELECTOR、SHIFT—X、SHIFT—Y、BRIGHTNESS、IMAGE—X、IMAGE—Y、Z∧、Z∨ 旋钮的协调，相互配合调节得到所需要的样品结构。

③ 抓图或照相

a. 抓图。打开电荷耦合元件（Charge-Coupled Device，CCD）相机的拨动开关，点击观察键。出现对话框后输入相应的放大倍数回车。在此窗口可对样品的焦距、位置信号

强度等进行调整，得到一幅好的图象。

b. 存图。点击抓图，输入相应的放大倍数回车。按照电脑的存储方式存图。该存图方式适用于低倍图象的存储。

c. 找到一个相对清晰的结构后，点击面板上的 PHOTO 键，待 PHOTO 灯亮后，盖上观察窗口，再次点击 PHOTO，TEM 自动拍照。拍照后，记录显示器上相应的底片号码。

2.3.7　扫描电镜

（1）简介

扫描电子显微镜（SEM）是一种用于高分辨率微区形貌分析的大型精密仪器，其分辨率介于透射电子显微镜和光学显微镜之间。SEM 利用聚焦的很窄的细聚焦的电子束轰击样品表面，通过电子与样品相互作用产生的二次电子、背散射电子等对样品表面或断口形貌进行观察和分析。

新式的扫描电子显微镜（图 2-45）的分辨率可以达到 1nm；放大倍数可以达到 30 万倍及以上，并连续可调；具有景深大、分辨率高、成像直观、立体感强、放大倍数范围宽以及待测样品可在三维空间内进行旋转和倾斜等特点。还具有可测样品种类丰富，几乎不损伤和污染原始样品以及可同时获得形貌、结构、成分和结晶学信息等优点，扫描电子显微镜和能谱（EDS）组合，可以进行物质成分分析。目前，扫描电子显微镜已被广泛应用于物理学、化学、生命科学、材料学、冶金、矿物以及工业生产等领域的微观研究。

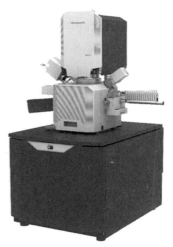

图 2-45　高分辨场发射扫描电镜

（2）扫描电镜 S-4800 操作规程

① 日常开机　打开 Display 开关，电脑自动开机进入 s-4800 用户界面，PC_SEM 程序自运行，点击确认进入软件界面。

② 装样品

a. 将样品台装在样品座上，根据标尺调整高度及确认样品位置后旋紧。

b. 按下 AIR 键，当 AIR 灯变绿时拉开样品交换室，水平向前推出交换杆，把样品座插在交换杆上，逆时针旋转交换杆（即按照杆上的标示转至 LOCK）锁定样品座后，将交换杆水平向后拉回原处。

c. 关闭交换室，按下 EVAC 键，当 EVAC 绿灯亮时，按 OPEN 键至绿灯亮，样品室阀门自动打开。

d. 水平插入交换杆，直至样品座被卡紧为止，顺时针旋转交换杆（即按照杆上的标示转至 UNLOCK）后，水平向后拉回原处，按 CLOSE 键至绿灯亮，样品室阀门自动关闭。

③ 图像观察

a. 加高压。点击屏幕左上方的高压控制窗口，弹出 HV Control 对话窗。选择合适的观察电压和电流，点击 ON，弹出提示样品高度的对话框，点击确定，出现 HV ON 提示条，待图像出现后，关闭 HV Control 对话窗。

b. 在低倍、TV 模式下，找到所要观察的样品，点击 H/L 按钮切换到高倍模式，通过调节样品位置，找到所要观察的视场。

c. 聚焦、消像散。选好视场后，放大到合适的倍数聚焦消像散。先调节聚焦粗调和细调旋钮，使图像达到最佳状态，若图像有拉长现象，则需进行消像散。调节 STIGMA-TOR/ALIGNMENT X 使图像在水平方向的拉长消失，再调节 STIGMATOR/ALIGN-MENT Y 使图像在垂直方向的拉长消失。

d. 图像采集及保存。用 A. B. C. 键或 BRIGHTNISS/CONTRAST 旋钮自动或手动调节图像的对比度和亮度，扫描速度变为慢扫，点击抓拍按钮进行采集。采集后暂时存放在窗口下侧，选中要保存的图像，点击 Save，弹出 Image Save 对话框，输入文件名，选好存储位置保存即可。

e. 对中调整。改变加速电压和电流时，或图像在高倍聚焦发生漂移时，需要进行对中调整，方法如下：

ⅰ. 选取样品上一个具有明显特征的位置放在视场中心。

ⅱ. 点击 Aling 键，出现 Alignment 窗口，在 Beam 项，视场中出现圆形光斑，用 STIGMATOR/ALIGNMENT X Y 将圆形光斑调至视场中央。

ⅲ. 在 Aperture，STIGX 和 STIGY 档，将图像放大至 10 万倍以上，若图像发生晃动，则调节 STIGMATOR/ALIGNMENT X 使图像在水平方向的晃动消失，再调节 STIGMATOR/ALIGNMENT Y 使图像在垂直方向的晃动消失。

④ 取样品

a. 打开高压控制窗口，点击 OFF 关掉高压。点击 HOME 样品台自动归位至中心，同时确认 $Z=8$mm，$T=0°$。

b. 按下 OPEN 键，绿灯亮时，样品室阀门自动打开，插入交换杆将样品座卡紧。

c. 在杆上，旋转交换杆至 LOCK 锁定样品座后，将杆水平向后拉回原处，按 CLOSE 键，绿灯亮时阀门自动关闭。

d. 按下 AIR 键，待绿灯亮时，拉开交换室，水平向前推出交换杆，旋转杆至 UN-LOCK 把样品座从杆上取下后，将杆水平向后拉回原处。

关闭样品交换室，按 EVAC 键抽真空。

⑤ 数据获取　打开电脑桌面上的 Date upload 快捷方式，将数据拷贝到已命名的文件夹中。在电脑上登录 ftp://159.226.32.30 后，打开 S-4800 文件夹，将数据直接拖出即可下载。

⑥ 日常关机　依次关闭 PC-SEM 软件、电脑、Display 开关。

2.3.8 摆锤式冲击强度试验机

（1）原理

摆锤冲击试验机的原理是能量守恒定律，按照摆锤打断冲击试样后能量损失多少来计算冲击功。但是这种试验方法有缺陷，不能像拉伸试验机那样直接显示力和位移的曲线，因为测量出来的结果只能是冲击功，冲击功是能量单位，它的单位是焦耳（J），而能量的公式是：$W = FS$ 即冲击功＝力×位移，所以这两个变量无论哪一个发生变化都会引起冲击功的变化。所以冲击功这一数值不能直接说明材料的韧性如何，不能描述材料在打击过程中产生的变化，只能作为一个参考。为了解决这个问题，人们发明了仪器化冲击试验方法。

（2）操作规程

① 检查运行状态　试验前必须检查试验机是否处于正常状态，各运转部件及其紧固件必须安全可靠。

② 检查和调整拨针位置　当摆锤自由的处于铅锤位置时，拨转指针至读数盘的最大读数处，调整拨针使之上平面与指针小柱靠紧，然后旋转拨针上的紧固螺钉。

③ 空击试验和检查　空击试验的目的是为了检查能量损失是否过大，操作时将摆锤升起至仰角位置，手动指针拨至最大读数值，操纵手控盒"冲击"按钮，当完成一次冲击回落时，用手迅速地将指针拨回读数盘最大读数值处，待锤完成第二次冲击后，将其控制到"制动"位置（使脱摆轴勾住摆锤的调整套），读取指针指示值，将两次指示值（第一次应为0）之差除以2即为一次空击过程中的能量损失。对最大冲击能量为300J的摆锤允许能量损失1.5J，对最大冲击能量为150J的摆锤允许能量损失0.75J。如果超出允许值，则应检查弹性垫圈压力是否过大，拨针是否松动和位置准确与否，摆轴轴承是否灵活等，直到达到允许值要求。

④ 安装试样　将摆锤控制到"制动"位置后，在试件长度中部的正面与背面分别测量试件的宽度取平均值记录；在其中部两边对应部位测量两点厚度，取平均值并记录；将试件置于摆锤冲击机的托板上，其正面对着摆锤，试件背面应与支撑刀刃靠紧。

⑤ 冲击试验　将试件安装好后，再将指针拨至最大读数处，在确认好工作环境安全正常，按下释放按钮即可实现冲击。冲断试样后，将摆锤控制到"制动"位置，读取被动指针读数并记录。

（3）试验机的维护保养

① 试验机若需搬动位置应将摆锤卸下，以免来回摆动使零件遭到损坏。

② 对于易锈部位应涂防锈油。

③ 没有必要时，严禁拆卸或更换摆锤上的有关零件，以免摆锤力矩和打击中心距发生变化。

④ 用前应检查摆锤、摆杆上的连接螺钉是否松动。

⑤ 实验结束后，清洁设备，将摆锤停放在铅垂位置，并切断所有电源。

2.3.9 万能力学试验机

（1）简介

在材料力学实验中，一般都要给试件加载，并显示出荷载大小，这种试验设备被称为材料试验机。它是材料试验的主要设备，在生产厂矿和科研机构中有着广泛的应用，通过学习初步掌握它的原理和使用方法。

根据加载性质的不同，可分为静荷载试验机（例如拉力试验机、压力试验机、扭转试验机等），动荷载试验机（例如冲击试验机、疲劳试验机等）。如果在同一台试验机上能分别进行拉力、压力、变曲等多种试验，则称万能力学试验机。

万能力学试验机类型很多，如油压摆式万能力学试验机、杠杆摆式万能力学试验机等。不同工厂生产的这类试验机具体形式也不相同，但基本原理是一样的。其主要组成分为加力和测力两大部分，此外许多试验机还备有试验曲线自动记录装置。下面仅介绍油压摆式万能试验机操作规程。

（2）油压摆式万能力学试验机操作规程

① 检查油路上各阀门处于关闭位置，换上试件相配合的夹头形式；保险开关应当有效。

② 根据所需要最大荷载，选择测量度盘，放置相应的锤重。相应地调节好缓冲器。缓冲器的作用是保证在加载后，泄油时或试件断裂时使摆锤缓慢落回，避免突然下落冲击机身。

③ 装好自动绘图器的传动装置、笔和纸等。

④ 开动油泵电机，检查运转是否正常。然后打开送油阀门，向工作油缸缓慢输油。待活动台升起 1cm 左右时，将送油阀门关到最小，并按前述方法，调整测力指针对准"零"点。并调整被动指针与之重合，被动指针的作用是当试件最大载荷时留下，设备显示出试件受的载荷。

⑤ 安装试件、压缩试件必须放置垫板。拉伸试件则需调整下夹头位置，使上下夹头之间距离与试件长度适应，并进行夹紧，试件夹紧之后，就不得再调整下夹头位置了。

⑥ 打开送油阀，用慢速度加载，此时测力指针应匀速转动。

⑦ 实验完毕，关闭送油阀，并立即停车。然后取下试件（有时要在泄油后，再取下试件）。缓慢打开回油阀，将油液泄回油箱。使活动台回到原始位置，并使一切机构复原。

2.3.10 旋转流变仪

（1）简介

旋转流变仪是现代流变仪中的重要组成部分，它们依靠旋转运动来产生简单剪切流动，可以用来快速确定材料的黏性、弹性等各方面的流变性能。

旋转流变仪一般是通过一对夹具的相对运动来产生流动。引入流动的方法有两种：一种是驱动一个夹具，测量产生的力矩，这种方法最早是由 Couette 在 1888 年提出的，也称为应变控制型，即控制施加的应变，用于测量产生的应力；另一种是施加一定的力矩，测量产生的旋转速度，它是由 Searle 于 1912 年提出的，也称为应力控制型，即控制施加的应力，用于测量产生的应变。对于应变控制型流变仪，一般有两种施加应变及测量相应的应力的方法：一种是驱动一个夹具，并在同一夹具上测量应力，应用这种方法的流变仪有 Haake、Conraves、Ferranti-Shirley 和 Brookfield；而另一种是驱动一个夹具，在另一个夹具上测量应力，应用这种方法的流变仪有 Weissenberg 和 Rheometrics。对于应力控制型流变仪，一般是将力矩施加于一个夹具，并测量同一夹具的旋转速度。在 Searle 最初的设计中，施加力矩是通过重物和滑轮来实现的。现代的设备多采用电子拖曳马达来产生力矩。一般商用应力控制型流变仪的力矩范围为 $10^{-7} \sim 10^{-1} \mathrm{N \cdot m}$，由此产生的可测量的剪切速率范围为 $10^{-6} \sim 10^{31} \mathrm{s}^{-1}$。实际的测量范围则取决于夹具结构、物理尺寸和所测试材料的黏度。下面以 ARES-G2 型号旋转流变仪介绍其操作流程。

（2）操作流程

① 开压缩空气

a. 确保气源始终清洁，气压稳定。

b. 打开空气压缩机（空压机），或打开管道压缩空气阀门（开机顺序：电源—干燥机—空压机）如图 2-46、图 2-47 和图 2-48 所示。

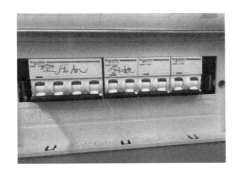

图 2-46　开电源（向上）

图 2-47　开干燥机（白色按钮）

c. 打开干燥过滤器上的开关旋钮（图 2-49）。确认气压达到规定值（ARES-G2 气压值为 0.5MPa）。

图 2-48　开空压机（红色按钮）

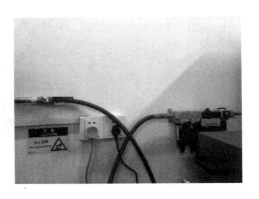

图 2-49　旋转气路管道旋钮

注意：为了保证气流稳定，一般应在实验前提前打开空压机和过滤器。

② 开流变仪

a. 开（控制箱、流变仪主机）电源。

b. 开主控制箱（下），FCO 炉子控制箱（上）（按钮在控制箱后面右下角），如图 2-50 所示。

c. 开流变仪主机（按钮在流变仪右下角）如图 2-51 所示，等待流变仪完成自检。

图 2-50　主控制箱（下）和 FCO 炉子控制箱（上）

图 2-51　流变仪主机

注意：

a. 主控制箱和 FCO 炉子控制箱都有开关按钮，但是 FCO 炉子一般处于常开状态，通过主控制箱控制。

b. 开流变仪主机时，一定要确保空压气体已开。

c. 开流变仪主机时，需要移开炉子，以方便观察流变仪自检情况。

（3）启动 TRIOS 软件

① 双击 TRIOS（图 2-52）软件。

图 2-52　TRIOS 软件图标

② 进入 TRIOS 启动界面，等待 ARESG2-002 图标由灰变绿后，点击 Connect 后进入 TRIOS 软件（图 2-53）。

③ 如果仅仅查看已有流变数据，可以选择 ARESG2 Offline。

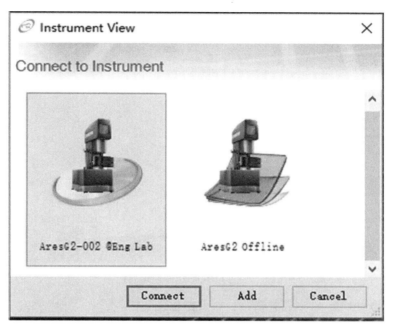

图 2-53　进入 TRIOS 软件

（4）使用前准备

a. TRIOS 软件实验操作界面，软件分为五个功能区，上标题栏，中间左中右设置栏，下状态栏（图 2-54）。

图 2-54　TRIOS 软件实验操作界面

b. 实验之前，在 Geometry 标题栏或者在中左 Geometries 设置栏选择所需夹具，如果没合适夹具，需通过 Add New Geometry 添加相应夹具，夹具详细添加过程请查看 Help 文件（图 2-55）。

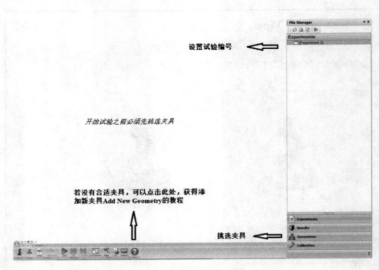

图 2-55　TRIOS 软件操作界面

c. 在中左设置栏选择 Experiment，然后设置 Sample 信息，设置 Procedure 实验步骤（图 2-56、图 2-57）。

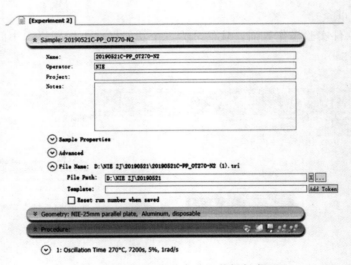

图 2-56　设置实验名称和数据保存

图 2-58 是常用的旋转流变仪的使用模式，操作人员可根据需要测试的材料性能，在操作界面中选择对应的测试模式。

（5）安装夹具

① 确保安装夹具位置无异物。

② 夹具缺口与夹口杆平行，确保安装后的夹具竖直、无倾斜。

③ 安装好夹具后，慢速关闭炉子，防止炉子过冲碰撞夹具。

（6）夹具调零

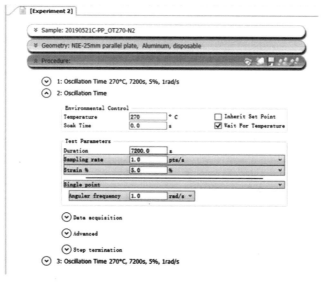

图 2-57 设置实验程序

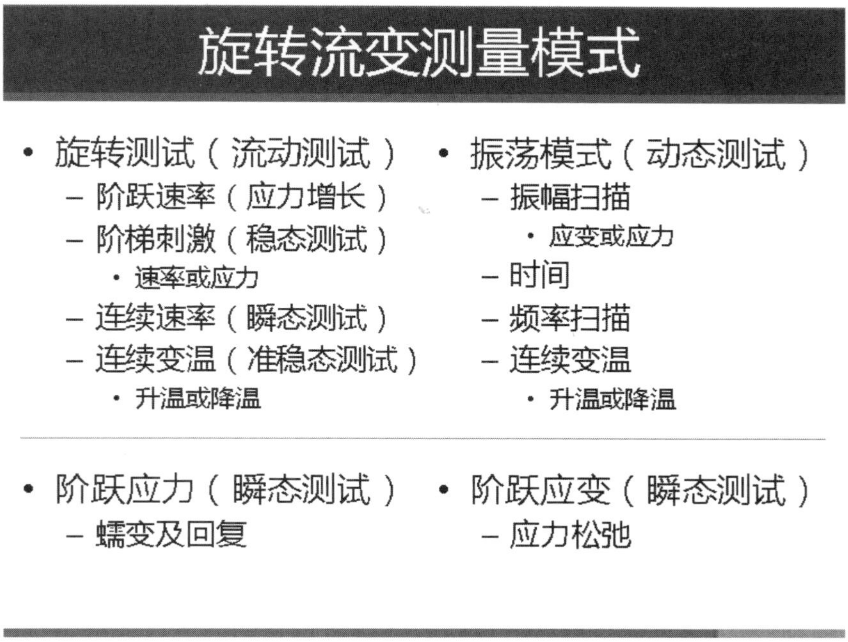

旋转流变测量模式

- 旋转测试（流动测试）
  - 阶跃速率（应力增长）
  - 阶梯刺激（稳态测试）
    - 速率或应力
  - 连续速率（瞬态测试）
  - 连续变温（准稳态测试）
    - 升温或降温

- 振荡模式（动态测试）
  - 振幅扫描
    - 应变或应力
  - 时间
  - 频率扫描
  - 连续变温
    - 升温或降温

- 阶跃应力（瞬态测试）
  - 蠕变及回复

- 阶跃应变（瞬态测试）
  - 应力松弛

图 2-58 旋转流变仪常用测量模式

① 在中右设置栏选择 Environmental 中设置温度。流变仪控温方式默认为空气，如果需氮气控温的话，需在 Adbanced-Device 中选择液氮控温。然后设置实验所需的温度，点击加热按钮（图 2-59）。

② 待温度达到设置温度后，在 Gap 栏中点击调零按钮，等待流变仪完成调零。

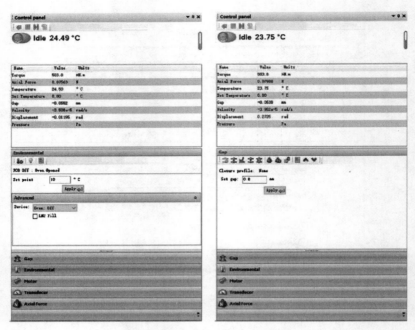

图 2-59　夹具调零操作界面

（7）加样品

① 打开 FCO 炉子，把样品放置在夹具正中心。

② 关闭 FCO 炉子，等待温度到达设置温度后，调节 Gap 到 Trim Gap。

③ 打开 FCO 炉子，刮掉夹具边缘多余样品。

④ 关闭 FCO 炉子，等待温度到达设置温度后，调节 Gap 到 Geometry Gap。

（8）实验

① 检查实验名称、数据存放位置、温度、Gap 值、夹具、实验步骤等设置，点击 Start 进行实验。

② 实验结束后，打开 FCO 炉，抬升机头，清理样品，取下夹具。

注意：如果样品黏附力很强或者弹性很大，或者是有固化反应发生，应该先握住夹具旋松机头顶端的旋钮，再抬升机头，以防传感器过载。

③ 重复上述调零，加样操作进行下一个实验。

（9）关流变仪

① 关流变仪主机。

② 关流变仪控制箱。

③ 关空气管道开关。

（10）关空压机

① 关空压机。

② 关干燥机。

③ 关电源。

2.3.11 熔融指数测定仪

（1）简介

熔融指数是一种表示塑胶材料加工时流动性的数值，其值越大，表示该塑料的加工流动性越好。反之则越差。图 2-60 是熔融指数测定仪的结构示意图。料筒外面包裹的是加热器，在料筒的底部有一只口模，口模中心是熔体挤压流出的毛细管。料筒内插入一支活塞杆，在杆的顶部压着砝码。

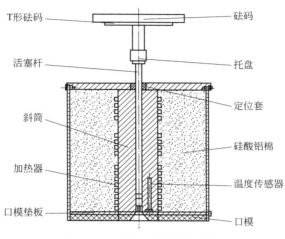

图 2-60　熔融指数测定仪结构

试验时，先将料筒加热，达到预期的试验温度后，将活塞杆拔出，在料筒中心孔中灌入试样（塑料粒子或粉末），用工具压实后，再将活塞杆放入，待试样熔融，在活塞杆顶部压上砝码，熔融的试样料通过口模毛细管被挤出。

塑料熔体流动速率（MFR），以前又称为熔体流动指数（MFI）和熔融指数（MI）。

（2）操作流程

① 确定了试验条件，就可以具体地进行试验了。具体操作流程如下。

a. 设置温度，等待温度稳定。

b. 清洁料筒活塞杆；清洁后，将活塞杆插入，还需等待温度稳定。

c. 将活塞杆拔出。

d. 加料，压实（应在 1min 内完成），重新插入活塞杆。

e. 等待 4～6min（一般 4min 后，温度已开始进入稳定状态）。

f. 加砝码。

g. 如料太多，或下移至起始刻度线太慢，可用手加压或增加砝码加压，使快速达到活塞杆上的测试起始刻线。

h. 将大块样品切成数个小块以方便装样，将样品装入仪器后开始计时。

i. 称重。

j. 计算，取平均值。

k. 用纱布、专用工具（清洗杆）清洗料筒、活塞杆，如料的黏性太重，不易清洗，可在表面涂一些润滑物，如石蜡等。清洗一定要趁热进行。料筒、活塞杆在每次试验后都必须进行清洗。口模清洗，用专用工具（口模清洗杆）将内孔中熔融物挤出。在做相同材料的试验时，口模不必每次清洗，但在调换试验品种、关闭加热器前或已经多次试验后，则必须清洗。遇有不易清洗的情况，同样可涂一些石蜡等润滑物。

② 计算

通过上述操作过程，对每一段样条，取得两个数值：

样条的质量——m，g；

该样条流出的时间——t，s。

因为我们的定义是：每10min（即600s）流出口模毛细管的熔体的质量，而上述的流出时间 t 不一定是600s，甚至可能差很多，因此，要折合到600s计算，因此有：

$$MFR = 600m/t$$

式中，m、t 的意义同上；MFR 为熔体（质量）流动速率，单位为 g/10min。

2.3.12 偏光显微镜

光波根据振动的特点，可分为自然光与偏光。自然光的振动特点是在垂直光波传导轴上具有许多振动面，各平面上振动的振幅相同，其频率也相同；自然光经过反射、折射、双折射及吸收等作用，可以成为只在一个方向上振动的光波，这种光波则称为"偏光"或"偏振光"。

在正交的情况下，视场是黑暗的，如果被检物体在光学上表现为各向同性（单折射体），无论怎样旋转载物台，视场仍为黑暗，这是因为起偏镜所形成的直线偏振光的振动方向不发生变化，仍然与检偏镜的振动方向互相垂直的缘故。若被检物体中含有双折射性物质，则这部分就会发光，这是因为从起偏镜射出的直线偏振光进入双折射体后，产生振动方向互相垂直的两种直线偏振光，当这两种光通过检偏镜时，由于互相垂直，或多或少可透过检偏镜，就能看到明亮的象。当光线通过双折射体时，所形成两种偏振光的振动方向，依物体的种类而有所不同。

双折射体在正交情况下，旋转载物台时，双折射体的像在360°的旋转中有四次明暗变化，每隔90°变暗一次。变暗的位置处在双折射体的两个振动方向与两个偏振镜的振动方向相一致的位置，称为"消光位置"。从消光位置旋转45°，被检物体变为最亮，这就是"对角位置"，这是因为偏离45°时，偏振光到达该物体时，分解出部分光线可以通过检偏镜，故而明亮。根据上述基本原理，利用偏光显微镜就可能判断各向同性（单折射体）和各向异性（双折射体）物质。偏光显微镜常用于直接观察粒子的晶态结构，下面以Nikon E600 型号偏光显微镜作为实例介绍操作流程。

操作流程

① 打开总开关及电脑，然后打开偏光显微镜电源（位移显微镜底盘的右侧方）

② 拨动调光旋钮（底盘左侧前方），调节光度（一般调至最大值）。

③ 先把载物台调至最低位置，选择合适倍数的目镜轻轻插入镜筒上端（物镜一般选用中、低倍镜），侧方位顺时针旋转紧后，然后把目镜移至最中间。注意：要防止目镜镜头撞上载物台。

④ 把标本轻轻放在载物台中间。

⑤ 将 CCD 连接到电脑主机上，方便更清楚地观察图片。

⑥ 调节焦距。首先是粗调，通过调整两侧的粗动手轮实现。先缓慢地往上调动，调至开始出现模糊的图像时，再进行微调至清晰的图像。微调也是位于粗动轴的两侧末端。

⑦ 点击 CCD 上的"capture"按钮，图像立即保存到电脑里。

⑧ 当更换目镜时，先把载物台旋至最低处，移动目镜到侧方再将其逆时针旋转取出。再将所用的目镜按以上方法装进使用。

⑨ 测完后先关掉 CCD，再关偏光显微镜，然后将目镜取出归放原处。

⑩ 最后拷贝数据，关电脑，再关总电源。

2.3.13 维卡软化变形测定仪

维卡软化变形测定仪主要用于测定非晶态热塑性材料（例如塑料、橡胶、尼龙、电绝缘材料等）的维卡软化点温度。

（1）简介

塑料维卡软化温度的测定方法为：把试样放在液体介质或加热箱中，在保证等速升温的条件同时，测定标准压针在 $50\pm1N$ 力的作用下，压入从管材或管件上切取的试样内 1mm 时的温度，该温度即为试样的维卡软化温度（VST）。常见的维卡软化变形测定仪如图 2-61 所示。

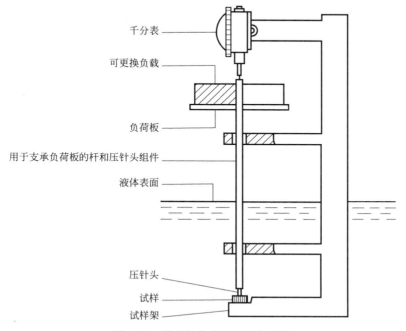

图 2-61　维卡软化变形测定仪结构

（2）操作流程

以管材试样为例，待测管材试样应是从管材上沿轴向截下的弧形管段，长度约为50mm，宽度10～20mm；管件试样应是从管件的承口、插口或柱面上截下的弧形片断。对于直径小于或等于90mm的管件，试样长度和承口长度相等；直径大于90mm的管件，试样长度为50mm，试样的宽度均为10～20mm，而且试样应从没有合模线或注射点的部位切取。如果管材或管件壁厚大于6mm，塑料维卡软化温度的测定则应采用合适的方法加工管材或管件外表面，使壁厚减至4mm，如果管件承口带有螺纹，则应车掉螺纹部分，使其表面光滑。壁厚在2.4～6mm（包括6mm）范围内的试样，可直接截下测试。如果管材或管件壁厚小于2.4mm，则可将两个弧形管段叠加在一起，使其总厚度不小于2.4mm，作为垫层的下层管段试样应首先压平，为此可将该试样加热到140℃并保持15min，再置于两块光滑平板之间压平，上层管段应保持其原样不变。每次试验用两个试样，但在裁制试样时，应多提供几个试样，以备试验结果相差太大时作补充试验用。

将试样在低于预期维卡软化温度（VST）50℃的温度下预处理至少5min；对于ABS（聚丙烯腈-丁二烯-苯乙烯无规共聚物）和ASA（聚丙烯腈-苯乙烯-丙烯腈嵌段共聚物）试样，应在烘箱中（90±2）℃的温度下干燥2h，取出后在（23±2）℃的温度和（50±5）％的相对湿度下，冷却（15±1）min，然后将试样在低于预期维卡软化温度50℃的温度下预处理至少5min。

将加热浴槽温度调节至约低于试样软化温度50℃，并保持恒温。将试样凹面向上，水平放置在无负载金属杆的压针下面，试样和仪器底座的接触面应是平的，对于壁厚小于2.4mm的试样，压针端部应置于未压平试样的凹面上，下面放置压平的试样，压针端部距试样边缘不小于3mm。压针定位5min后，在载荷盘上加上所要求的重量，使试样所承受的总轴向压力为（50±1）N，并将初始位置调至零点。以每小时（50±5）℃的速度等速升温，提高浴槽温度，在整个过程中应开动搅拌器。当压针压入试样内（1±0.01）mm时，记录此时的温度，此温度即为该试样的维卡软化温度。

计算两个试样维卡软化温度的算术平均值，即为该管材的维卡软化温度。若两次测定结果相差大于2℃时，应取不少于两个试样重新进行测试。

第 3 章　材料化学基础实验

3.1　无机材料实验

实验一　化学共沉淀法制备氢氧化铝镁溶胶

一、实验背景知识介绍

氢氧化铝镁具有类似于水滑石矿物的层状结构，层片中部分 Mg^{2+} 被 Al^{3+} 同晶置换因而带有大量永久性正电荷，广泛应用于水中重金属离子的吸附和石油开采用钻井液、完井液，也用于高档化妆品等行业。

共沉淀法是制备氢氧化铝镁溶胶常用方法之一，该法以含有一定物质的量比的 Mg^{2+} 和 Al^{3+} 的混合溶液为反应液，使用无机碱作为沉淀剂，将混合溶液中的 Mg^{2+} 和 Al^{3+} 共沉淀出来。当发生沉淀反应后，可得到成分均一的沉淀，溶胶化后得到氢氧化铝镁溶胶。

二、实验目的

（1）掌握共沉淀法制备氢氧化铝镁溶胶的原理和方法。

（2）通过共沉淀法制备性能稳定的氢氧化铝镁溶胶。

（3）通过实验过程培养学生提出问题、发现问题和解决问题的能力，进一步激发学生的创新思维与意识。

三、实验原理

$$Mg(OH)_2 \Longleftrightarrow Mg^{2+} + 2OH^- \qquad K_{sp_1} = 6.0 \times 10^{-10} \qquad (1)$$

$$Al(OH)_3 \Longleftrightarrow Al^{3+} + 3OH^- \qquad K_{sp_2} = 1.3 \times 10^{-33} \qquad (2)$$

由上式可得：$[Mg^{2+}][OH^-]^2 = K_{sp_1} \qquad lg[Mg^{2+}] = 18.78 - 2pH \qquad (3)$

$$[Al^{3+}][OH^-]^3 = K_{sp_2} \qquad lg[Al^{3+}] = 14 - 3pH \qquad (4)$$

通过控制混合液中的氢离子浓度，使之同时满足方程（3）、（4），便可得到氢氧化铝和氢氧化镁的混合沉淀，当溶液中氢氧根离子过量时便会得到 $Al(OH)_4^-$，从而影响产物中镁铝的物质的量比。

对于 $Al^{3+} + 4OH^- \Longleftrightarrow Al(OH)_4^-$，$Al(OH)_4^-$ 的稳定常数 $K_稳 = 10^{33.03}$。

$$Al(OH)_3 + OH^- \rightleftharpoons Al(OH)_4^- \tag{5}$$

对于该平衡式有：

$$K_{平衡} = \frac{[Al(OH)_4^-]}{[OH^-]} = \frac{[Al(OH)_4^-][Al^{3+}][OH^-]^3}{[OH^-][Al^{3+}][OH^-]^3} = K_{稳} K_{sp_2}$$

因此：

$$\frac{[Al(OH)_4^-]}{[OH^-]} = 1.3 \times 10^{-33} \times 10^{33.03} = 1.3 \times 10^{0.03}$$

得：
$$lg[Al(OH)_4^-] = lg1.3 \times 10^{0.03} + lg[OH^-]$$

根据：
$$[OH^-] = K_w/[H^+] \quad (K_w = 1 \times 10^{-14})$$

得到：
$$lg[Al(OH)_4^-] = -13.856 + pH \tag{6}$$

由公式(3)(4)(6)作曲线，结果如 3-1 图所示，要想得到最佳的效果，需要让离子浓度满足Ⅲ部分的条件，因此制备过程需要控制好 pH。

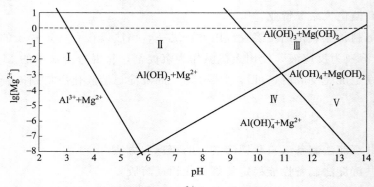

图 3-1　$lg[Mg^{2+}]$-pH 曲线图

四、实验仪器与试剂

1. 仪器

机械搅拌器，真空泵，抽滤瓶，橡胶管，电子天平，磁铁，pH 试纸，烧杯（100mL）。

2. 试剂

$AlCl_3 \cdot 6H_2O$，$MgCl_2 \cdot 6H_2O$，$NH_3 \cdot H_2O$。

五、实验步骤

1. 配制混合溶液

取 1.21g $AlCl_3 \cdot 6H_2O$ 和 6.15g $MgCl_2 \cdot 6H_2O$（摩尔比为 1∶6），配制成 50mL 混合溶液。

2. 制备沉淀物

在搅拌的条件下，向混合溶液中滴加氨水，体系黏稠度会逐渐增加，过临界点（稠度最大）后，继续滴加氨水到 pH＝10.88，制备氢氧化铝镁沉淀。

3. 沉淀物清洗

用减压抽滤的方法分离沉淀，并用去离子水洗涤除去 Cl^-（用 $AgNO_3$ 检测），得到氢氧化铝镁凝胶。

4. 制备溶胶

将凝胶放在烧杯中，加少量水（不超过 5mL）洗涮烧杯壁上凝胶，在水浴锅内 80℃ 恒温溶胶化，即可得到氢氧化铝镁溶胶。

六、注意事项

（1）反应体系中尽可能除去 Cl^-。

（2）减压操作过程应注意先拔掉抽滤瓶软管，再关闭真空泵。

七、思考题

（1）氢氧化铝镁溶胶为什么能吸附水中的重金属离子？

（2）如何在反应体系中尽可能去除 Cl^-？

实验二　水热法合成纳米 Fe_2O_3 气体敏感材料

一、实验背景知识介绍

Fe_2O_3 半导体气体传感器具有灵敏度高、结构简单、价格低、性能较稳定等特点，在以下行业应用广泛：

（1）测量控制行业，如化工过程中间产物分析；

（2）大气污染防治，如汽车尾气中氮氧化合物浓度、SO_2 浓度监测；

（3）预防事故，如易燃、易爆气体和有害气体泄漏报警；

（4）可以检测室内主要污染物，如甲醛和苯浓度。

水热法又称热液法，属液相化学法的范畴，是指在密封的压力容器中，以水为溶剂，在高温高压的条件下进行的化学反应。水热法的反应类型可分为水热氧化、水热还原、水热沉淀、水热合成、水热水解、水热结晶等。与溶胶-凝胶法和共沉淀法相比，其最大优点是一般不需要高温烧结即可直接得到结晶粉末，且团聚少、纯度高、粒度分布窄、形貌可控。

二、实验目的

（1）巩固水热法的合成原理。

（2）掌握水热法制备 Fe_2O_3 纳米级超细粉体的方法。

（3）培养学生实验设计能力及分析问题与解决问题的能力。

三、实验原理

利用原料与产物在水中的浓度差异，采用水热法可以合成纳米 Fe_2O_3。由于反应温度和体系压力的增加，Fe_2O_3 在水中溶解度降低并达到饱和，最终以结晶态从溶液中析出。

四、实验仪器与试剂

1. 仪器

水热反应釜，机械搅拌器，电子天平，磁铁，pH 试纸，恒压滴液漏斗（25mL），烘箱，离心机，烧杯（100mL）。

2. 试剂

2mol/L $FeCl_3$，1mol/L $NH_3 \cdot H_2O$。

五、实验步骤

水热法合成纳米 Fe_2O_3 实验设备如图 3-2 所示。

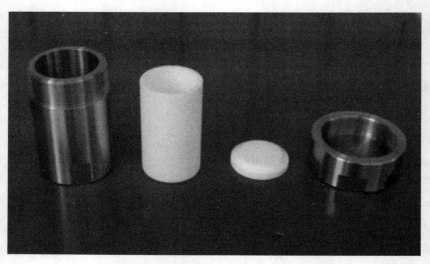

图 3-2　水热法合成纳米 Fe_2O_3 实验设备

（1）取 5mL 2mol/L 的 $FeCl_3$ 溶液，置于小烧杯中。

（2）边摇荡，边向烧杯中滴加 1mol/L 的 $NH_3 \cdot H_2O$ 溶液，直至刚好出现沉淀。

（3）将上面所得的液体装在水热反应釜中，拧紧。

（4）将水热反应釜置于烘箱中，140℃温下反应 2h。

（5）冷却后打开反应釜，离心分离，干燥，研磨得纳米 Fe_2O_3。

（6）材料表征分析（介绍 Fe_2O_3 纳米粒子分析测试、表征方法）。

（7）实验结果记录与分析：产品形状、颜色及计算收率等。

六、注意事项

（1）$NH_3 \cdot H_2O$ 应缓慢滴加，反应体系中不能出现明显的沉淀物。

（2）水热反应釜需拧紧。

七、思考题

（1）怎么判断产品是不是纳米粒子？

（2）水热反应釜的最大填充率是多少？

实验三　熔盐法制备氧化镁超细粉体

一、实验背景知识介绍

熔盐合成法（简称熔盐法）是采用一种或几种低熔点的盐类作为反应介质，在高温熔融盐中完成合成反应，然后采用合适的溶剂将盐类溶解，经过滤、洗涤得到合成产物的方法。

熔盐合成的基本原理为反应物在熔融盐中具有一定的溶解度，在高温液体介质中实现原子（分子）尺度的混合，在较短的时间和较低的温度下完成的合成反应。

在熔盐合成法中，作为反应介质的熔融盐类具有下列特性：

（1）高温离子熔盐对反应物具有非凡的溶解力。平常湿法不能进行化学反应的矿石、难熔氧化物以及超强超硬难熔物质，都有望在高温熔盐中进行处理。

（2）熔盐的离子浓度高、黏度低、扩散快，从而使化学反应过程中的传质与传热速率快。

（3）常用熔盐在一定的温度范围内具有良好的热稳定性，可根据需要进行选择。

（4）熔盐的热容量大，储热和导热性能好。

（5）某些熔盐耐辐射，几乎不受放射线辐射损伤。

熔盐合成法的特点如下。

优点：合成反应时间短和合成温度较低（相对于常规的固相法）；通过调节合成温度和熔融盐的种类及相对含量可以控制产物的形状和尺寸；合成的产物成分均匀，无偏析，分散性好；作为反应介质的熔盐可以回收利用，有利于降低粉体的合成成本。

缺点：高温熔融盐腐蚀性强，对反应容器要求高；熔盐在高于熔融温度下具有挥发性，对反应温度有一定的局限性。

二、实验目的

（1）掌握熔盐法的合成原理。

（2）掌握熔盐法制备 MgO 纳米级超细粉体的方法。

（3）学习研究性实验的程序，培养科学研究的基本技能。

三、实验原理

熔盐环境下，Mg^{2+} 与 Ca^{2+} 发生置换反应，其产物组成与反应温度和反应时间有关。

(1) $MgSO_4 \rightleftharpoons Mg^{2+} + SO_4^{2-}$ $\qquad$ $xMg^{2+} + CaCO_3 \longrightarrow Mg_xCa_{1-x}CO_3$

当 $x < 0.5$ 时，产物为碳酸钙的置换型固溶体，当 $x = 0.5$ 时，产物为 $CaMg(CO_3)_2$，当 $0.5 < x < 1$ 时，产物为 $CaMg(CO_3)_2$ 和 $MgCO_3$ 混合物，随着反应的不断进行，当 $x = 1$ 时，产物为 $MgCO_3$。

(2) 碳酸镁分解得到氧化镁：

$$MgCO_3 \xrightarrow{\triangle} MgO + CO_2 \uparrow$$

四、实验仪器与试剂

1. 仪器
马弗炉，刚玉坩埚，电子天平。

2. 试剂
氯化钠，氯化钾，无水 $MgSO_4$，$CaCO_3$。

五、实验步骤

1. 配料及原料装填
先分别称取 6.0g 无水 $MgSO_4$（0.05mol）、5.0g $CaCO_3$（0.05mol），混合均匀后移入刚玉坩埚内，再称取 17.6g（0.3mol）NaCl 和 22.4g（0.3mol）KCl，置于坩埚内 $MgSO_4$ 和 $CaCO_3$ 混合原料的上层。

2. 原料热处理
将加好原料的坩埚经 120℃干燥 1h，然后放置在马弗炉内，在 700℃保温 2h 热处理。

3. 前驱物清洗及干燥
热处理的产物冷却后用水浸泡、洗涤，110℃干燥后得到氢氧化镁粉体。

4. 前驱物煅烧
前驱物粉体在 650℃保温 2h 热处理，氢氧化镁分解得到氧化镁。

5. 产物的检测
利用直接法和间接法进行产物的检测。

六、注意事项

(1) 原料应干燥后才能放置在马弗炉内进行热处理。

(2) 原料热处理产物用水经过较长时间浸泡，然后再进行洗涤。

七、思考题

(1) 热处理前为什么要对原料进行干燥处理？

（2）原料热处理产物为什么要先水洗，然后进行煅烧得到氧化镁产物？

实验四　非晶态磷化膜的常温制备

一、实验背景知识介绍

磷化膜主要由磷酸盐 $[Me_3(PO_4)_2]$ 或磷酸氢盐（$MeHPO_4$）晶体组成，由于基体材料及磷化工艺的不同可由深灰到黑灰色，特殊工艺可实现纯黑色、红色及彩色。

磷化膜性能及应用如下：

（1）大气条件下稳定，与钢铁氧化处理相比，其耐腐蚀性较高，约高 $2\sim10$ 倍，再进行重铬酸盐填充，浸油或涂漆处理，能进一步提高其耐腐蚀性。

（2）具有微孔隙结构，对油类、漆类有良好的吸附能力。

（3）对熔融金属无附着力。

（4）磷化膜有较高的电绝缘性能。

（5）可以减小机械加工时的摩擦力。

（6）较好的装饰性

被广泛应用于机械加工业、航天航空、汽车船舶、化工机械、电子工业、工农业生产、家用电器、日用品等领域。

二、实验目的

（1）掌握材料表面处理的实验方法。

（2）掌握磷化处理的一般工艺流程及操作方法。

（3）了解钢铁磷化膜的应用。

三、实验原理

将钢铁零件置于含有锰、铁、锌、钙的磷酸盐溶液中，进行化学处理，使其表面生成一层难溶于水的磷酸盐保护膜。

磷化溶液的基本组成是一种或多种金属的磷酸二氢盐 $Me(H_2PO_4)_2$，其中 Me^{2+} 为 Zn^{2+}、Mn^{2+}、Fe^{2+} 等。在一定浓度及 pH 条件下，磷酸二氢盐会发生水解，使磷化液中主要的存在物质为尚未分解的磷酸二氢锌和分解之后形成的磷酸氢锌、磷酸锌（沉淀）和游离的磷酸。当钢铁与溶液接触时，在金属-溶液界面液层中，发生如下的化学反应，即

$$Fe+2H_3PO_4 \xrightarrow{\hspace{1cm}} Fe(H_2PO_4)_2+H_2\uparrow$$

使界面处酸度下降，pH 升高，导致磷酸二氢盐的水解平衡向生成磷酸根的方向移动。当钢铁表面磷化液中金属离子（如 Ca^{2+}、Zn^{2+}、Mn^{2+}、Fe^{2+}）的浓度与 PO_4^{3-} 浓度的乘积达到溶度积时，不溶性的磷酸盐 $Zn_3(PO_4)_2 \cdot 4H_2O$ 和 $Zn_2Fe(PO_4)_2 \cdot 4H_2O$ 就会在金属表面沉积成为磷酸盐保护膜。

工艺流程：脱脂——→水洗——→酸洗——→磷化——→干燥——→成品

四、实验仪器与试剂

1. 仪器
机械搅拌器，电子天平，磁铁，pH 试纸，烧杯（250mL）。
2. 试剂
铁丝，磷酸，磷酸二氢锌，硝酸锌，硫酸铜。

五、实验步骤

（1）用砂纸打磨铁丝表面，然后水洗 2 次。

（2）配制磷化液：在 250mL 烧杯中，先后加入 100mL 水、20mL 磷酸、9g 磷酸二氢锌和 6g 硝酸锌，搅拌溶解。

（3）将铁丝吊挂在磷化液中，下端距底部为 1～1.5cm，磷化 30min。

（4）清水冲洗，滤纸吸干。

（5）80℃保温处理 5min。

（6）检验对硫酸铜溶液的耐腐蚀性。

六、注意事项

（1）铁丝应打磨干净。

（2）磷化时间不能过短，最少保持 15min 及以上。

七、思考题

（1）怎么判断磷化膜质量？

（2）钢铁零件为什么要进行磷化处理？

实验五　果胶的提取

一、实验背景知识介绍

果胶是由半乳糖组成的一种天然复合多糖大分子化合物，它通常为白色至淡黄色粉末，稍带酸味，是一种亲水性植物胶，广泛存在于高等植物相邻细胞壁间的胞间层中，具有良好的胶凝化和乳化稳定作用。不同的蔬菜、水果口感有区别，主要是由它们的果胶含量以及果胶分子的差异决定的。

果胶是一种高分子聚合物，其分子量约 5 万～30 万。天然果胶中约 20%～60% 的羧基被酯化，分子量为 2 万～4 万。在食品中用作胶凝剂、增稠剂、稳定剂、悬浮剂、乳化剂、增香增效剂；在医药工业中也用作肠机能调节剂及止血剂、抗毒剂；还可用于化妆品，对保护皮肤、防止紫外线辐射、治疗创口、美容养颜都有一定的作用。

二、实验目的

（1）了解果胶的性质和提取原理。

（2）掌握果胶提取的工艺。

（3）训练学生实验方案设计的基本能力。

三、实验原理

果胶在植物中大多以不溶于水的原果胶形式存在，在果实成熟过程中原果胶分解为可溶性果胶，最后分解成不溶于水的果胶酸。植物原料经化学或生物方法处理后，可分解形成可溶性果胶，通过加入乙醇或金属盐类使果胶沉淀析出，经漂洗干燥得到最终产品。

本次实验采用酸法提取果胶。果胶粉的制作工艺：原料→预处理→抽提→脱色→浓缩→干燥→成品。

四、实验仪器与试剂

1. 仪器

机械搅拌器，恒温水浴锅，真空泵，布氏漏斗，抽滤瓶，电子天平，pH 试纸，恒压滴液漏斗（25mL），烧杯（100mL），研钵，水果刀。

2. 试剂

橘子皮，0.3mol/L 的盐酸，6.0mol/L 氨水，95％乙醇，蔗糖，去离子水、柠檬酸、柠檬酸钠。

五、实验步骤

（1）取新鲜橘子皮 25g，用清水漂洗干净后放入烧杯中，加 120mL 水，加热到 90℃，保持 10min。

（2）用清水冲洗后切成 1～3mm 的颗粒，用 50～60℃的热水漂洗至水为无色。

（3）将洗净的橘子皮放入烧杯中，加入 0.3mol/L 的盐酸 60mL，调节到 pH 为 2.0，在 90℃提胶 50min，然后过滤。

（4）滤液用 6.0mol/L 氨水调 pH 为 4.0，在不断搅拌下加入 95％乙醇沉淀，再用 10mL 乙醇洗涤一次。

（5）产物经 105℃烘干 10h，待用。

（6）取 1g 果胶、2g 蔗糖、10mL 水、0.1g 柠檬酸和 0.1g 柠檬酸钠，加热搅拌溶解，煮沸 20min，冷却后得到目标产物。

六、注意事项

（1）原料应粉碎至 1～3mm，可增大接触面积，缩短反应时间，增加产量。

（2）滤液应快速冷却，防止果胶脱脂而受到破坏。

七、思考题

（1）橘子皮用清水漂洗干净后，为什么要加热处理？

（2）沉淀果胶除了用乙醇外，还可用什么化学试剂？

实验六　固体酒精的简易制备

一、实验背景知识介绍

乙醇（ethanol），俗称酒精，其结构简式为 C_2H_5OH 或 CH_3CH_2OH，分子式为 C_2H_6O。在常压常温下，C_2H_5OH 是一种无色透明液体，易挥发，味甘，低毒性，并略带刺激性，纯液体不能直接饮用。C_2H_5OH 易燃，乙醇蒸气能与空气形成爆炸性混合物。如果能把酒精制成固体，方便包装和携带，使用也会更加安全。本实验以工业乙醇为原料来制备固体酒精。

二、实验目的

（1）理解固体酒精的制备原理。

（2）掌握制备固体酒精的实验方法。

三、实验原理

硬脂酸与氢氧化钠反应生成硬脂酸钠（$C_{17}H_{35}COONa$）和水，反应方程式如下所示：

$$C_{17}H_{35}COOH + NaOH \longrightarrow C_{17}H_{35}COONa + H_2O$$

反应产物硬脂酸钠是一个具有长碳链疏水结构以及羧酸根亲水结构的分子。该分子常温下在乙醇中的溶解度较低。当温度升高时，其能溶解于乙醇中。如果将加热后的硬脂酸钠乙醇溶液进行冷却，乙醇分子将被束缚在相互连接的硬脂酸钠分子之间，从而形成呈不流动状态的凝胶体系，最终制得固体状态的酒精。如果将胶凝剂（如硅酸钠）加入到硬脂酸钠乙醇溶液中，制备得到的固体酒精将变得更加结实。如果在溶液中添加适量的有色溶液（如硝酸铜溶液），则可使固体酒精呈现蓝色。在本实验中，所用原料的质量比见表 3-1。

表 3-1　制备固体酒精原料质量比

原料	乙醇	硬脂酸	NaOH
质量比/%	93.5	5.5	1.0

四、实验仪器与试剂

1. 仪器

冷凝管，水浴锅，圆底烧瓶（150mL），温度计，球形冷凝管，橡胶管，量筒（10mL、50mL 各一个），烧杯，吸管，电子天平，称量纸，模具。

2. 试剂

8% 氢氧化钠溶液，乙醇（体积分数＞95%），硬脂酸（$C_{17}H_{35}COOH$），15% 硝酸

铜溶液，酚酞（指示剂）。

五、实验步骤

（1）将 8mL 8％的氢氧化钠溶液与 8mL 乙醇混合，配成混合碱液。

（2）向 150mL 圆底烧瓶中加入 50mL 乙醇、2.6g（约 0.012mol）硬脂酸、两滴酚酞指示剂，70℃恒温水浴加热，搅拌，回流，保温至硬脂酸全部溶解。

（3）立即将预先配制好的混合碱液滴加到 150mL 的圆底烧瓶内，先快后慢，观察溶液颜色由无色变为浅红，直到浅红又慢慢褪去为止（pH 为 7～8）。70℃下恒温水浴加热回流 20min 左右，使反应完全。

（4）向反应混合液中添加 0.5mL 15％的硝酸铜溶液进行染色，搅拌 5min 后停止加热，待溶液冷却至 60℃时，倒入模具中，自然冷却后可得嫩蓝绿色的固体酒精（如加入 0.5mL 15％的硝酸钴溶液则可得浅紫色的固体酒精）。

（5）将产品取出，观察其颜色、透明程度，按压体验其硬度，点燃观察其燃烧程度。

六、注意事项

（1）NaOH 溶液应该逐滴加入，避免 NaOH 溶液过量时，溶液的 pH 过大。

（2）避免在实验室燃烧固体酒精。

七、思考题

（1）实验过程中出现的絮状沉淀可能是由什么原因引起的？

（2）实验产物是固体状态下的酒精吗？为什么？

实验七　均匀沉淀法制备不同粒径的 ZnO

一、实验背景知识介绍

氧化锌（ZnO），难溶于水，可溶于酸和强碱，是重要的 Ⅱ-Ⅵ 族半导体材料。作为直接宽带隙材料（$E_g \geqslant 2.3eV$），常用作化学添加剂，广泛应用于塑料、合成橡胶、涂料、黏合剂、电池、阻燃剂、陶瓷、压电材料、探测材料等产品的制作中。随着纳米材料的兴起，纳米 ZnO 材料的制备与应用研究获得广泛关注。本实验以尿素为沉淀剂，采用均匀沉淀法来制备纳米 ZnO 粉体材料。氧化锌的能带隙和激子束缚能较大，透明度高，有优异的常温发光性能，在半导体领域的液晶显示器、薄膜晶体管、发光二极管等产品中均有应用。近年来，纳米氧化锌以其优异的纳米特性，越来越受到广泛的关注。

二、实验目的

（1）理解均匀沉淀法的基本原理。

（2）熟悉 X 射线粉末衍射仪的测试步骤。

（3）学会使用 Jade 软件来分析数据。

三、实验原理

在液相法制备沉淀过程中，即使沉淀剂的浓度较低，在不断搅拌条件下，反应液内部沉淀剂局部浓度也会较高，导致沉淀过程是不均衡的，制备得到的纳米粒子粒度分布较宽。如果控制溶液中的沉淀剂浓度，使之缓慢增加，则使溶液中的沉淀处于平衡状态，且沉淀能在整个溶液中均匀出现，这种方法称为均相沉淀（或均匀沉淀法）。在均匀沉淀法中，所加入的沉淀剂不直接与被沉淀组分发生反应，而是通过沉淀剂在一定条件下反应得到的某种产物与被沉淀组分发生沉淀反应。相比于直接沉淀法，均匀沉淀法克服了由外部向溶液中直接加入沉淀剂造成的沉淀剂浓度局部不均匀，保证了溶液中的沉淀反应处于一种平衡状态，使产物均匀缓慢地生成。因此，均匀沉淀法制备的产物具有接近平衡反应的特点，制备得到的纳米粒子密实、粒径小、分布窄，团聚较少。本实验以硝酸锌为原料，以尿素为沉淀剂，利用均匀沉淀法制备 ZnO 纳米粉体材料。制备过程主要发生如下三种化学反应。

（1）尿素分解反应

$$CO(NH_2)_2 + 3H_2O \xrightarrow{\triangle} 2NH_3 \cdot H_2O + CO_2 \uparrow$$

（2）沉淀反应

$$(m+n)Zn^{2+} + 2mOH^- + nCO_3^{2-} + xH_2O \longrightarrow nZnCO_3 \cdot mZn(OH)_2 \cdot xH_2O \downarrow$$

（3）热分解反应

$$nZnCO_3 \cdot mZn(OH)_2 \cdot xH_2O \xrightarrow{\triangle} (m+n)ZnO + (m+x)H_2O + nCO_2 \uparrow$$

四、实验仪器与试剂

1. 仪器

电子天平，水浴锅，磁子，马弗炉，鼓风干燥箱，电动离心机，烧杯，量筒（50mL），圆底烧瓶（150mL），刚玉坩埚，球形冷凝管，表面皿，胶管，X 射线粉末衍射仪。

2. 试剂

硝酸锌 $[Zn(NO_3)_2 \cdot 6H_2O]$，尿素 $[CO(NH_2)_2]$，去离子水

五、实验步骤

（1）在 150mL 圆底烧瓶中分别加入 3.6g 硝酸锌、1.4g 尿素和 60mL 去离子水（配成 0.2mol/L 硝酸锌浓度、0.4mol/L 尿素浓度）。

（2）将上述圆底烧瓶置于 90℃的恒温水浴锅中，装上球形冷凝管，搅拌保温约 2h。然后离心分离沉淀，用去离子水洗涤沉淀 2～3 次。

（3）将沉淀移至表面皿中，在 110℃鼓风干燥箱中干燥 1h。

（4）将沉淀物转移至刚玉坩埚中，在马弗炉中 400℃下煅烧 2h，得到产物 ZnO。

（5）测试产物 ZnO 的 X 射线粉末衍射谱，利用 Jade 软件进行物相检索分析。

六、注意事项

提高保温时间，有利于提高纳米粉体的收率。

七、思考题

（1）均匀沉淀法的原理是什么？
（2）能否使用抽滤操作来洗涤沉淀，为什么？
（3）可以改变哪些因素来控制产物的粒径及其分布？

实验八　液-固相法制备 γ-Fe_2O_3 粉体

一、实验背景知识介绍

氧化铁俗称褐铁矿，其不仅价格低廉，储量丰富，而且具有高理论容量和无毒性的优点，使其有望成为高性能的钠离子电池电极材料。固相法制备的产物粒子通常具有粒径不可控、粒径分布宽以及粉体团聚严重等缺点。如果把液相法和固相法结合起来，不但能够有效降低反应温度，并且能够有效地对产物粒子的形貌和尺寸进行调控。本实验结合液相法和固相法制备具有特定形貌的 γ-Fe_2O_3 纳米粉体。

二、实验目的

（1）熟悉液-固相法制备 Fe_2O_3 的实验过程。
（2）理解液-固相法制备 Fe_2O_3 的实验原理。

三、实验原理

三氧化二铁（Fe_2O_3）的晶体具有顺磁性的 α-Fe_2O_3 和铁磁性的 γ-Fe_2O_3 两种不同的结构。γ-Fe_2O_3 具有优异的磁性、分散性和稳定性，磁共振成像对比增强效果佳，可用于纳米探针构建、磁共振造影与分子影像、磁热疗、药物载体及靶向诊疗一体化研究。然而，在空气中加热 γ-Fe_2O_3 超过 $400\,^\circ\!C$ 时，γ-Fe_2O_3 开始转变为 α-Fe_2O_3。因此，对于制备 γ-Fe_2O_3 而言，控制反应条件至关重要。

通常先利用液相法制备产物前驱体，然后对产物前驱体进行一定温度下的煅烧来制备 γ-Fe_2O_3。具体反应过程如下：（1）在碱性条件下，Fe^{2+} 与 OH^- 反应生成 $Fe(OH)_2$ 白色沉淀；（2）白色混合物转变为灰绿色；（3）灰绿色沉淀进一步被氧化生成颜色为黄至橙的羟基氧化铁 FeOOH（又称铁黄），或者生成黑色的 Fe_3O_4。中间产物铁黄具有 α、β、γ 和 δ 等多种晶型，通过煅烧可制得不同晶体结构类型的 Fe_2O_3（如 α-Fe_2O_3、β-Fe_2O_3 和 γ-Fe_2O_3）。在本实验中，通过控制反应条件来制备 α-FeOOH，最终得到目标产物 γ-Fe_2O_3。实验中，可能发生的化学反应如下：

$$Fe^{2+} + 2OH^- \longrightarrow Fe(OH)_2 \downarrow$$

$$4Fe(OH)_2 + O_2 \longrightarrow 2H_2O + 4FeOOH(或者 Fe_3O_4)$$

$$2a\text{-}FeOOH \xrightarrow{\triangle} \gamma\text{-}Fe_2O_3 + H_2O$$

中间产物 α-FeOOH 属于正交晶系，通常呈针状晶体，在一定条件下容易在（100）面产生孪晶。正是由于中间产物具有一定的形貌特征，通过相应的热处理可以获得具有一定形貌特征的目标产物 γ-Fe$_2$O$_3$。

四、实验仪器与试剂

1. 仪器

鼓风干燥箱，磁力搅拌器，电子天平，烧杯（150mL），马弗炉，坩埚、离心机。

2. 试剂

FeSO$_4$·7H$_2$O，NaOH，去离子水。

五、实验步骤

（1）在 150mL 烧杯中先后加入 4.2g NaOH 和 30mL 去离子水，搅拌使其溶解得到溶液 A；在另一个 150mL 烧杯中先后加入 7.2g FeSO$_4$·7H$_2$O 和 30mL 去离子水，搅拌使其溶解得到溶液 B。

（2）在搅拌条件下迅速将溶液 A 倒入到溶液 B 中，继续剧烈搅拌 40min，经过离心分离后得到沉淀，将其转移到鼓风干燥箱中 90℃下干燥 1h，得中间产物 C。

（3）将中间产物 C 置于马弗炉中，300℃下煅烧 1h，冷却至室温后得到目标产物。

（4）测试产物的 X 射线粉末衍射谱图，在扫描电镜下观察产物的形貌。

六、注意事项

液相混合反应温度不宜超过 40℃，否则容易出现 Fe$_3$O$_4$ 沉淀。

七、思考题

（1）查询文献进行分析，在液相反应过程中，生成哪些中间产物？

（2）中间产物的产生主要受控于哪些实验条件？

实验九　溶胶-凝胶法制备 CaMnO$_3$ 热电材料

一、实验背景知识介绍

热电材料是一种能将电能和热能相互转换的功能材料，1821 年发现的塞贝克效应和 1834 年发现的珀耳帖效应为热电能量转换器和热电制冷的应用提供了理论依据。随着全世界空间探索兴趣的增加、医用物理学的进展以及日益增加的资源考察与探索活动，需要开发出一类能够自身供能的电源系统，利用热电材料进行发电对上述应用尤其合适。因此，热电材料是一种有着广泛应用前景的材料，在环境污染和能源危机日益严重的今天，进行新型热电材料的研究具有很强的现实意义。新型热电材料优点如下：

（1）体积小，重量轻，坚固，且工作中无噪声；

（2）温度可控制在 ± 0.1℃ 之内；

（3）不必使用 CFC（CFC 为氯氟碳类物质，即氟里昂，被认为会破坏臭氧层），不会造成任何环境污染；

（4）可回收热源并转变成电能（节约能源），使用寿命长，易于控制。

$CaMnO_3$ 具有钙钛矿晶体结构，是一种潜在的热电材料。本实验以柠檬酸（H_3Cit）为配位剂，通过溶胶-凝胶法制备 $CaMnO_3$ 热电材料。

二、实验目的

（1）理解溶胶-凝胶法的基本原理。

（2）掌握溶胶-凝胶法制备 $CaMnO_3$ 热电材料。

三、实验原理

溶胶-凝胶法是用含高化学活性组分的化合物作前驱体，在液相下将这些原料均匀混合，并进行水解和缩合反应，在溶液中形成稳定的透明溶胶体系；溶胶经陈化胶粒间缓慢聚合，形成三维网络结构的凝胶；凝胶经过干燥、烧结固化制备出纳米材料。

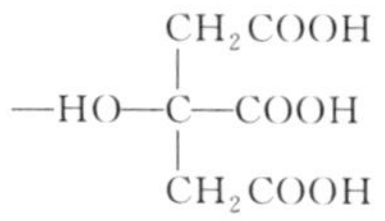

以柠檬酸（图 3-3）为配合剂来制备凝胶，主要是利用柠檬酸和阳离子形成螯合物，再通过螯合物与多羟基醇缩聚形成固体聚合物树脂，最后在一定温度下煅烧树脂来获得目标产物。

图 3-3 柠檬酸的结构式

金属阳离子和柠檬酸的配合以及柠檬酸和乙二醇的酯化聚合是制备柠檬酸凝胶的关键因素。pH 对凝胶的制备影响较大，当 pH＝5 时，金属阳离子与柠檬酸根上的氧原子通过配位键形成不同形式的配合分子。柠檬酸盐的溶胶经过缩水聚合，黏度增大，流动性变弱，最后将水溶液包裹在内而形成三维网络状结构。如果在溶液中加入乙二醇等多元醇，则可将不同的柠檬酸离子通过醇聚合在一起，促进具有一定空间结构凝胶的形成。通过柠檬酸与金属阳离子配位之后形成的凝胶结构，不同价态的金属阳离子能在体系中均匀分散，彼此间能达到原子水平的混合，因此经过一定的温度处理后可以获得粒径很小、粒度分布较窄的纳米粉体材料。

四、实验仪器与试剂

1. 仪器

烧杯，电子天平，水浴锅，马弗炉，鼓风干燥箱，研钵，刚玉坩埚。

2. 试剂

硝酸钙，硝酸锰，柠檬酸，去离子水，乙二醇，氨水。

五、实验步骤

（1）在 100mL 烧杯中先后加入 3.0g 硝酸钙，3.75g 硝酸锰和 30mL 去离子水，搅拌使其溶解。

（2）在上述溶液中加入 0.93g 乙二醇，搅拌使其溶解。

（3）待乙二醇溶解后，加入 6.3g 柠檬酸，强烈搅拌直至形成透明溶液，用氨水调节 pH 约为 5。

（4）调节 pH 后，将溶液在 85℃ 下恒温水浴，直至生成棕色溶胶。

（5）棕色溶胶在 130℃ 下干燥，完全脱水后形成干燥蓬松的深褐色干凝胶。

（6）将上述干凝胶在研钵中研磨细，转移至刚玉坩埚中，在马弗炉中 1100℃ 下恒温煅烧 4h，得 $CaMnO_3$ 粉末。

六、注意事项

（1）柠檬酸与金属阳离子的比例、pH 的大小以及用水量的多少等对凝胶的出现和产物都会产生影响。

（2）使用马弗炉时避免烫伤。

七、思考题

（1）柠檬酸的作用包括哪一些？

（2）乙二醇在实验过程中起到什么作用？

实验十　溶胶-凝胶法制备 $BaTiO_3$ 纳米材料

一、实验背景知识介绍

钛酸钡（$BaTiO_3$）是电子和精细陶瓷工业中高新技术的关键性材料。由于具有高的介电常数，优良的铁电、压电、耐压和绝缘性能，广泛应用于体积小、容量大的微型电容器、电子计算机记忆元件、热敏电阻、光敏电阻、半导体陶瓷、压电陶瓷等领域。$BaTiO_3$ 的制备方法可分为固相法和液相法（湿化学法）。固相法制备的粉体粒度大，粒径分布不均匀，纯度低，掺杂元素不均匀，性能不稳定，难以用该法制备纳米级的 $BaTiO_3$ 粉体；相比于固相法，液相法无需苛刻的物理条件，可实现分子、原子尺度水平的混合，制得的粉体粒度小，形貌规整且粒度分布窄，能较为容易地制得纳米级的 $BaTiO_3$ 粉体材料。本实验采用溶胶-凝胶法制备 $BaTiO_3$ 纳米粉体材料。

二、实验目的

(1) 理解溶胶-凝胶法的基本原理。

(2) 掌握溶胶-凝胶法制备 $BaTiO_3$ 纳米粉体材料。

三、实验原理

溶胶-凝胶技术是材料学和化学相结合的交叉学科的应用，是制备材料的重要方法。溶胶（Sol）是指在液体介质中分散的粒子尺度范围为 $1\sim100nm$ 的体系；凝胶（Gel）是含有亚微米孔和聚合链的相互连接的坚实的网络。所谓溶胶-凝胶（Sol—Gel）技术是指金属有机或无机化合物经过溶液、溶胶、凝胶而固化，再经热处理形成氧化物或其他固体化合物的方法。溶胶-凝胶法反应如下。

1. 水解反应

$$M(OR)_n + xH_2O \longrightarrow M(OH)_x(OR)_{n-x} + xROH$$

金属醇盐 $M(OR)_n$ 水解生成 $M(OH)_x(OR)_{n-x}$ 和醇。水解反应可以一直进行，直到彻底水解生成溶胶 $M(OH)_n$。

2. 缩聚反应（失水或者失醇）：

$$—M—OH + HO—M \longrightarrow —M—O—M— + H_2O$$

$$—M—OR + HO—M \longrightarrow —M—O—M— + ROH$$

由于不断发生水解、缩聚反应，溶液的黏度不断增加，最终形成具有"金属-氧-金属"网络结构的凝胶。本实验以钛酸丁酯 $Ti(OC_4H_9)_4$ 和醋酸钡 $BaC_4H_6O_4$ 为原料，通过溶胶-凝胶法制备 $BaTiO_3$ 粉体材料。可以通过改变溶液 pH、溶剂种类、溶质浓度、反应温度以及水的含量等因素来控制水解速率和缩聚速率，以期获得 $BaTiO_3$ 纳米材料。

四、实验仪器与试剂

1. 仪器

烧杯（50mL），量筒（10mL），电子天平，水浴锅，鼓风干燥箱，刚玉坩埚，热重差热分析仪，X 射线粉末衍射仪。

2. 试剂

钛酸丁酯，醋酸钡，冰醋酸，乙酸（质量分数为 36%），无水乙醇，蒸馏水。

五、实验步骤

(1) 取 5mL 的钛酸四正丁酯溶于 10mL 无水乙醇中，在室温及搅拌条件下，滴加 10mL 的冰醋酸，得到近乎透明的钛酰型化合物溶液 A。

(2) 称取醋酸钡 3.7g（按钛酸四正丁酯与醋酸钡的摩尔比为 1:1）溶于 10mL 蒸馏水中配成溶液 B。

(3) 在强烈搅拌及室温条件下，将配制的溶液 B 逐滴滴加到钛酰型化合物溶液 A 中，滴加完毕后，继续搅拌约 30min，用冰醋酸调节溶液的 pH 为 4～5，继续搅拌混合物 15min，得到混合液 C。

（4）将混合液 C 置于 70℃水浴锅中约 20min，使其凝胶化。

（5）将凝胶置于烘箱内 120℃下干燥 2h，研磨得到干凝胶粉末。

（6）将干凝胶在马弗炉内 700℃热处理 2h 得到纳米 $BaTiO_3$ 粉体。

六、注意事项

（1）量取钛酸丁酯时，切勿长时间暴露在空气中，避免钛酸丁酯发生水解反应。

（2）调节 pH 时，要搅拌充分，避免 pH 判断出现偏差，影响溶胶的生成。

七、思考题

（1）在溶胶-凝胶反应中，影响水解缩聚反应的因素有哪些？

（2）在本实验中，影响纳米粉体的粒径及其分布的主要因素有哪些？

实验十一　玻璃化学稳定性的测定

一、实验背景知识介绍

玻璃是非晶无机非金属材料，一般是用多种无机矿物（如石英砂、硼砂、硼酸、重晶石、碳酸钡、石灰石、长石、纯碱等）为主要原料，另外加入少量辅助原料制成的。它的主要成分为二氧化硅和其他氧化物。普通玻璃的化学组成是 Na_2SiO_3、$CaSiO_3$、SiO_2 或 $Na_2O \cdot CaO \cdot 6SiO_2$ 等，主要成分是硅酸盐复盐，是一种无规则结构的非晶态固体，广泛用于建筑、日用、艺术、医疗、化学、电子、仪表、核工程等领域。

二、实验目的

（1）了解测定玻璃化学稳定性的意义。

（2）掌握测定玻璃化学稳定性的原理和方法。

三、实验原理

玻璃制品经常遇到的介质有气体和液体，气体有 CO_2、SO_2 等；液体有水（包括潮湿空气中的水蒸气）、酸液、碱液和盐类溶液。碱对玻璃的侵蚀过程比较复杂，首先是碱液中的水与玻璃表面作用，生成保护膜，然后是碱与保护膜起反应。例如：

$$Si(OH)_4 + NaOH \xrightarrow{\text{中和}} [\ Si(OH)_3O\ ]^- Na^+ + H_2O$$

$\qquad$（保护膜）$\qquad\qquad\qquad$（可溶性硅酸盐）

由于碱破坏了玻璃表面的保护膜，水解反应继续进行，所以玻璃将不断受到破坏。

另外碱液中有大量的 OH^-，它可以通过水侵蚀的玻璃表面深入到玻璃内部与玻璃网络起反应。

例如： $$—Si—O—Si—+OH^- \longrightarrow —Si—OH+—Si—O^-$$
其中： $$—Si—O^- + H_2O \longrightarrow —Si—OH + OH^-$$

从上面反应式可见，OH^-破坏了玻璃的网络骨架，使玻璃的整体瓦解。所以，对于水，酸，碱三种侵蚀液，玻璃的耐碱性是最差的，玻璃的侵蚀程度与侵蚀时间呈直线关系。

玻璃被侵蚀破坏的速率与水溶液的 pH 有关。当溶液的 pH 从 1 变到 7 时，玻璃侵蚀的速率基本是稳定的。当 pH 大于 8 时，玻璃的侵蚀程度有了显著的增加，氢氧化物的碱性越强，玻璃的侵蚀越严重。试验装置见图 3-4。

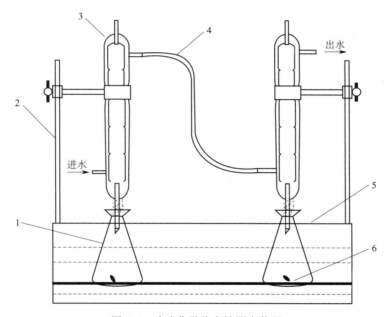

图 3-4　玻璃化学稳定性测定装置

1—锥形瓶；2—铁支架；3—球形冷凝管；4—胶管；5—恒温水浴锅；6—试样玻璃

四、实验仪器与试剂

1. 仪器

水浴锅（4 孔或 6 孔），球形冷凝管，电热鼓风干燥箱，电子天平，锥形瓶（250mL），游标卡尺，烧杯（100mL），干燥器，移液管（50mL），洗耳球，镊子，石棉绳，瓷盘，培养皿，pH 试纸，滤纸。

2. 试剂

稀盐酸，蒸馏水，无水乙醇，混合碱液（0.5mol/L NaOH + 0.5mol/L Na$_2$CO$_3$），去离子水。

五、实验步骤

（1）将水浴锅通电加热至沸腾。

（2）在分析天平上称取试样 2.5g（精确到 0.0002g）。

（3）将每组中的两块试样用石棉绳绑好，并使两块玻璃之间有 3～4mm 的间距。

（4）把绑好的试样放入盛有 100mL 混合碱液的锥形瓶中（用移液管移取混合碱液），接上球形冷凝管，煮沸 3h。应注意由于煮沸时间长，水分挥发较多，煮沸过程中若水浴锅内的水位下降过多时，应向水浴锅内加开水补足到原先的水位。

（5）煮沸结束，切断电源，稍待冷却后取下球形冷凝管，拿出试样，解去石棉绳，先用蒸馏水洗涤，再用稀盐酸溶液洗涤，然后，再重新用蒸馏水洗涤至中性（可用 pH 试纸检验），最后用无水乙醇洗涤，再用滤纸擦干。并按前述方法烘干至恒重称量。

六、注意事项

（1）取待测玻璃，并将其切成尺寸约为 1.5cm×2.0cm 的玻璃块，每种玻璃以两块试样为一组进行测试。共准备 2～3 组试样。

（2）对切成的试样用游标卡尺精确测量其尺寸，每边测 3 次（精确到 0.05mm），取平均值计算总面积。然后，用无水乙醇清除试样体表面的杂质，并用滤纸擦干净。

（3）把经上述处理后的试样放入电热鼓风干燥箱内，在 100～110℃下干燥至恒重，并移入干燥器中冷却至室温待用。

七、思考题

（1）测定玻璃的化学稳定性有何意义？
（2）玻璃的化学稳定性与哪些因素有关？

3.2　高分子材料实验

实验一　本体聚合法制备有机玻璃

一、实验背景知识介绍

有机玻璃由甲基丙烯酸甲酯（MMA）的本体聚合制备。聚甲基丙烯酸甲酯（PMMA）是一种侧基庞大的无定形固体，透明度高，密度低，具有一定的冲击强度和良好的低温性能，是航空工业和光学仪器制造业的重要原料。但聚甲基丙烯酸甲酯耐候性差，表面易磨损，可采用与苯乙烯等单体共聚的方法，提高其耐磨性。

二、实验目的

（1）了解自由基本体聚合的特点和实施方法，观察整个聚合过程中体系黏度的变化过程。
（2）掌握有机玻璃的生产工艺和操作技术的特点。

三、实验原理

本体聚合是指单体本身在不加溶剂及其他分散介质的情况下由微量引发剂或光、热、辐射能引发进行的聚合反应。由于聚合体系中的其他添加物少（除引发剂外，有时会加入少量必要的链转移剂、颜料、增塑剂、防老剂等），因而所得聚合物纯度高，特别适合一些对透明性和电性能要求高的产品。

本体聚合的体系组成和反应设备较为简单，但聚合反应却是最难控制的，这是因为本体聚合不加分散介质，聚合反应到一定阶段后，体系黏度较大，易发生自动加速现象，聚合反应热也难以导出，因而反应温度难控制，易局部过热，使聚合物分子量分布变宽，从而影响产品的机械强度；严重时体系温度失控，引起爆聚，在一定程度上限制了本体聚合在工业上的应用。

当 MMA 用于本体聚合时，为了解决散热和避免自动加速引起的爆聚现象，以及当单体转化为聚合物时，由于密度不同引起的体积收缩问题，工业上采用高温预聚，预聚至转化率约 10% 的黏稠液体，然后浇注模具，分段升温进行聚合。然后降低反应温度进一步聚合，安全度过危险期，最后制成有机玻璃。

四、实验仪器与试剂

1. 仪器

水浴锅，50mL 三口烧瓶，球形冷凝管，电动搅拌器，试管夹，试管，棉球。

2. 试剂

甲基丙烯酸甲酯（MMA），过氧化二苯甲酰（BPO）

五、实验步骤

1. 预聚合

向装有电动搅拌器和球形冷凝管的 50mL 三口烧瓶中加入 10mL 甲基丙烯酸甲酯（MMA）和 0.1% 单体质量的过氧化苯甲酰（BPO），在 85～90℃水浴中反应 0.5h，观察体系黏度的变化，当体系黏度增加但能顺利流动时，终止预聚。

2. 浇注灌模

将以上制备的预聚液分别小心地灌入预先干燥的两支试管中，浇注时注意防止三口烧瓶外的水珠滴入。

3. 后聚合

将棉球塞入装有预聚溶液的试管口，放入烘箱，在 45～50℃的条件下反应约 20h。注意控制温度不要过高，否则会在产品中产生气泡。然后再升温至 100～105℃反应 2～3h，完成聚合。取出所得的有机玻璃棒，观察其透明性，是否有气泡。

六、注意事项

（1）聚合反应应防止杂质混入反应体系中，从而影响聚合反应。灌模时预聚物中若有气泡，应设法排出。

（2）高温聚合反应结束后，应自然降温至 40℃ 以下，再取出模具进行脱模，以避免骤然降温造成模板和聚合物的破裂。

七、思考题

（1）在合成有机玻璃时，为什么采用预聚制浆？
（2）为什么要严格控制不同阶段的反应温度？

实验二　乙酸乙烯酯的溶液聚合

一、实验背景知识介绍

聚乙酸乙烯酯（PVAc）是涂料和胶黏剂的重要品种之一，同时也是合成聚乙烯醇的前驱体。聚乙酸乙烯酯可通过本体聚合、溶液聚合和乳液聚合制备。聚乙酸乙烯酯通常用于涂料或胶黏剂，可通过乳液聚合法合成，而用于醇解合成聚乙烯醇的聚乙酸乙烯酯则通过溶液聚合法合成。能溶解乙酸乙烯酯的溶剂有很多，如甲醇、苯、甲苯、丙酮、三氯乙烷、乙酸乙酯、乙醇等。由于溶液聚合法合成的聚乙酸乙烯酯通常用于醇解合成聚乙烯醇，因此工业上通常使用甲醇作为溶剂，从而使制备的聚乙酸乙烯酯溶液可以不经分离直接用于醇解反应。

二、实验目的

（1）掌握溶液聚合的基本方法和特点。
（2）熟悉和掌握聚乙酸乙烯酯溶液聚合反应的基本操作方法。

三、实验原理

溶液聚合一般具有反应均匀、散热容易、反应速率和温度易于控制、分子量分布均匀等优点。在聚合过程中，由于存在向溶剂的链转移反应，从而使产物的分子量降低。因此，在选择溶剂时必须注意溶剂的活性。通常，根据聚合物分子量的要求来选择合适的溶剂。

本实验采用甲醇作为乙酸乙烯酯溶液聚合的溶剂。根据不同的反应条件，如反应温度、引发剂种类与用量和溶剂的种类，可以得到分子量从 2000 到几万的聚乙酸乙烯酯。聚合过程中，依靠溶剂回流带走反应热，从而使聚合反应平稳进行。然而，由于溶剂甲醇的引入，大分子自由基和甲醇之间易发生链转移反应，导致产物分子量降低。

四、实验仪器与试剂

1. 仪器

水浴锅，三口烧瓶（250mL），球形冷凝管，电动搅拌器，抽滤装置，鼓风干燥箱，量筒（10mL、20mL、100mL 各 1 支），温度计（0～100℃）。

2. 试剂

乙酸乙烯酯（新蒸），甲醇，偶氮二异丁腈（AIBN）。

五、实验步骤

（1）将 50mL 乙酸乙烯酯和 10mL 溶有 0.21g AIBN 的甲醇加入 250mL 三口烧瓶中，然后将三口烧瓶分别接上电动搅拌器、球形冷凝管和温度计。

（2）开始搅拌，水浴加热，逐渐将反应物温度升高至（62±2）℃，反应约 3h 后，再将反应温度进一步升高至（65±1）℃，继续反应 0.5h，然后冷却结束聚合反应。

（3）称取 2～3g 产物在鼓风干燥箱中烘干，计算固含量与单体转化率。

六、注意事项

反应过程中当体系黏度太大，搅拌困难时，可分次补加甲醇，每次约 5～10mL。

七、思考题

（1）溶液聚合反应的溶剂应如何选择？本实验中甲醇作溶剂是基于何种考虑？
（2）溶液聚合的特点及影响因素有哪些？

实验三　聚丙烯酸乳液的制备

一、实验背景知识介绍

聚丙烯酸乳液为乳白色黏稠液体，可加入各种色浆配成不同颜色的涂料，主要用于建筑物的内外墙涂饰。该涂料以水为溶剂，所以具有安全无毒、施工方便的特点，易喷涂、刷涂和滚涂，干燥快、保色性好、透气性好，但光泽较差。

二、实验目的

（1）熟悉自由基聚合反应的特点及乳胶涂料的特点。
（2）掌握聚丙烯酸乳液的制备方法。

三、实验原理

1. 链引发

引发剂在一定温度下分解生成初级自由基，自由基与单体加成产生单体自由基。

$$R\!-\!R \longrightarrow 2R\cdot$$

$$R\cdot + CH_2\!=\!\underset{X}{\overset{|}{CH}} \longrightarrow RCH_2\!-\!\underset{X}{\overset{|}{\overset{\cdot}{CH}}}$$

$$X=\!-\!COOH$$

2. 链增长

极为活泼的单体自由基不断迅速地与单体分子加成，生成大分子自由基。链增长反应的活化能低，故速率较快。

$$RCH_2\overset{\cdot}{\underset{\underset{X}{|}}{C}H} + CH_2{=}\underset{\underset{X}{|}}{C}H \longrightarrow RCH_2{-}\underset{\underset{X}{|}}{C}HCH_2{-}\overset{\cdot}{\underset{\underset{X}{|}}{C}H} \longrightarrow RCH_2{-}\underset{\underset{X}{|}}{C}H{\left[CH_2{-}\underset{\underset{X}{|}}{C}H\right]}_n CH_2{-}\overset{\cdot}{\underset{\underset{X}{|}}{C}H}$$

3. 链终止

两个自由基相遇，活泼的单电子相结合而终止。

偶合终止：

$$\sim\sim CH_2\overset{\cdot}{\underset{\underset{X}{|}}{C}H} + \overset{\cdot}{\underset{\underset{X}{|}}{C}H}CH_2\sim\sim \longrightarrow \sim\sim CH_2{-}\underset{\underset{X}{|}}{C}H{-}\underset{\underset{X}{|}}{C}H{-}CH_2\sim\sim$$

歧化终止：

$$\sim\sim CH_2\overset{\cdot}{\underset{\underset{X}{|}}{C}H} + \overset{\cdot}{\underset{\underset{X}{|}}{C}H}CH_2\sim\sim \longrightarrow \sim\sim CH_2{-}\underset{\underset{X}{|}}{C}H_2 + \underset{\underset{X}{|}}{C}H{=}CH\sim\sim$$

四、实验仪器与试剂

1. 仪器

四口烧瓶（250mL），电动搅拌器，温度计（100℃），球形冷凝管，滴液漏斗（250mL），电炉，水浴锅。

2. 试剂

丙烯酸，聚乙烯醇，乳化剂 OP-10，去离子水，过硫酸铵，碳酸氢钠固体，邻苯二甲酸二丁酯。

五、实验步骤

1. 聚乙烯醇的溶解

如图 3-5 所示，在装有电动搅拌、温度计、球形冷凝管的250mL 四口烧瓶中加入 100mL 去离子水、1.2g 聚乙烯醇，搅拌并加热升温，90℃保温 1h，至聚乙烯醇全部溶解，最后加入 0.2g（6 滴）乳化剂 OP-10，冷却备用。

2. 溶液的配制

（1）将 0.5g 过硫酸铵溶于 9.5mL 水中，配制成质量分数为 5% 的引发剂溶液。

（2）将 0.15g 碳酸氢钠溶于 2.85mL 水中，配制成质量分数为 5% 的碳酸氢钠溶液。

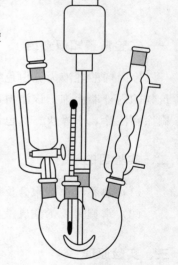

图 3-5　聚丙烯酸乳液
聚合实验装置

3. 聚合

把 11g 蒸馏过的丙烯酸和 3mL 质量分数 5% 的过硫酸铵水溶液加至上述四口烧瓶中。开动搅拌器，水浴加热，保持温度在 78～82℃。

当回流基本消失时，保持反应温度在 80～83℃之间，用滴液漏斗在 2h 内缓慢地按比例加入 13g 丙烯酸和 3mL 质量分数为 5％的过硫酸铵水溶液。

加料完毕后，将温度升高至 90～95℃，并保温 30min 至无回流为止。然后冷却至 50℃，加入 1.5mL 质量分数为 5％的碳酸氢钠水溶液，调节 pH 至 5～6。然后慢慢加入 1.0g 邻苯二甲酸二丁酯，冷却，即得白色稠厚的乳液，并测定黏度。

六、注意事项

（1）聚乙烯醇的溶解速度较慢，必须加热搅拌使其完全溶解。如使用工业品聚乙烯醇，溶液中会有少量皮屑状不溶物存在，可用粗孔铜丝网过滤除去。

（2）滴加丙烯酸单体的速度要均匀，防止加料太快而引起暴聚冲料等事故。过硫酸铵水溶液用量较少，因此必须按比例与丙烯酸单体同时滴加完毕。

（3）搅拌速度要适当，升温不能过快。

七、思考题

（1）聚乙烯醇在反应中起什么作用？为什么要与乳化剂 OP-10 混合使用？

（2）在聚合反应时，为什么丙烯酸和过硫酸铵不能一次性投料，而要缓慢滴加？

（3）本实验中的引发剂是什么？其用量过多或过少对反应有什么影响？

（4）为什么反应结束后要用碳酸氢钠调整 pH 为 5～6？

（5）乳液聚合相对于本体聚合、溶液聚合和悬浮聚合有哪些优缺点。

实验四　苯乙烯的悬浮聚合

一、实验背景知识介绍

聚苯乙烯（PS）作为一种通用树脂，广泛应用于生产和生活中，如制造包装材料、保温材料、绝缘材料、生物抗菌材料等。工业上聚苯乙烯通常用悬浮聚合法制备而成，它是一种透明的无定形热塑性高分子材料，其分子量分布较宽，由于流动性好而适用于注塑成型。聚苯乙烯产品具有较高的透明度、良好的耐热性和电绝缘性。

悬浮聚合是由烯烃单体制备聚合物的重要方法之一。由于水为分散介质，聚合热可以迅速消除，因此反应温度易于调节，生产工艺简单，成品颗粒形状均匀，故又称珠状聚合，产品无需造粒即可直接成型加工。聚合实验要求所制备产品具有一定的粒度，产品粒度的大小可通过调节悬浮聚合的条件来实现。

二、实验目的

（1）通过实验掌握悬浮聚合反应的基本方法与特点。

（2）了解配方中各组分的作用。

（3）了解分散剂、升温速度、搅拌、搅拌速度等因素对悬浮聚合产物颗粒均匀性和大小的影响。

三、实验原理

悬浮聚合实质上是借助较强烈的搅拌桨和悬浮剂的作用，将单体分散在单体不溶的介质中，单体以小液滴的形式进行本体聚合。在每个小液滴内，单体的聚合过程与本体聚合相似。若所生成的聚合物溶于单体，则得到的产物通常为透明、圆滑的小圆珠；若所生成的聚合物不溶于单体，则通常得到的是不透明、不规整的小粒子。

悬浮聚合的优点是易于进行热传导，聚合反应容易控制；单体小液滴在聚合反应后转变为固体颗粒，产品易于分离和处理，不需要额外的造粒过程。缺点是聚合物中含有的少量分散剂难以去除，这可能会影响聚合物的渗透性和老化性能。此外，还必须考虑聚合反应用水的后处理问题。

悬浮聚合的组分主要有四种：单体、分散介质、悬浮剂和引发剂。

1. 单体

单体不溶于水，如苯乙烯，醋酸乙烯酯，甲基丙烯酸酯等。

2. 分散介质

分散介质大多为水，作为热传导介质。

3. 悬浮剂

调节聚合物体系的表面张力及黏度，避免单体液滴在水中黏结。

（1）水溶性高分子 如明胶、淀粉、合成物聚乙烯醇（PVA）等。

（2）难溶性无机物 如 $BaSO_4$、$BaCO_3$、$CaCO_3$、滑石粉、黏土等。

（3）可溶性电介质 如 NaCl、KCl、Na_2SO_4 等。

4. 引发剂

主要为油溶性引发剂，如过氧化二苯甲酰（BPO）、偶氮二异丁腈（AIBN）等。

本实验以苯乙烯为单体，过氧化二苯甲酰（BPO）为引发剂，聚乙烯醇为悬浮剂，水为分散介质，按自由基历程进行悬浮聚合反应制备聚苯乙烯，反应式如下：

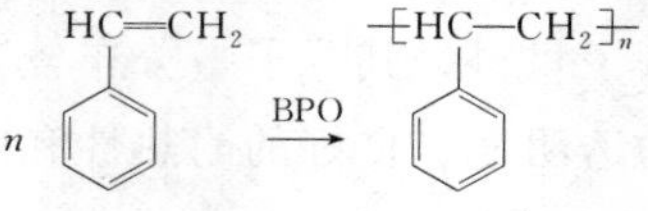

四、实验仪器与试剂

1. 仪器

电子天平，锥形瓶，表面皿，吸管，移液管，三口烧瓶，量筒，电动搅拌器，水浴锅，布氏漏斗，鼓风干燥箱。

2. 试剂

苯乙烯（＞99.5％），聚乙烯醇（1.5％，聚合度为 1750 ± 50），过氧化二苯甲酰（BPO），去离子水。

五、实验步骤

（1）安装好实验装置，为保证搅拌速度均匀，整套装置安装要规范。尤其是搅拌器安装后，用手转动阻力应小，转动轻松自如。

（2）用电子天平准确称取 0.3g BPO 放于 100mL 锥形瓶中。再用移液管按配方量取苯乙烯，加入锥形瓶中。轻轻振动，待 BPO 完全溶解于苯乙烯后，将溶液加入三口烧瓶中。再加入 20mL 1.5% 的聚乙烯醇溶液。最后用 130mL 去离子水分别冲洗锥形瓶和量筒后加入到三口烧瓶中。

（3）通冷凝水，启动电动搅拌器并保持转速恒定，水浴加热，在 20～30min 内将反应温度升至 85～90℃，开始聚合反应。

在整个聚合过程中不仅要控制好反应温度，更关键的是要控制好搅拌速度。因为当反应进行一个多小时后，体系中分散的颗粒黏度增大，此时搅拌速度忽快忽慢或者停止都会导致颗粒黏结成块，从而导致实验失败，所以聚合反应中一定要控制好搅拌速度。在聚合反应后期应将温度提升至 90℃，以加快聚合反应速率，提高转化率。

（4）反应 1.5～2h 后，可用吸管吸取少量颗粒于表面皿中进行观察，如颗粒变硬发脆，可结束反应。

（5）停止加热，并继续搅拌将聚合体系冷却至室温。产物用布氏漏斗过滤，并用热水洗涤数次。最后产品在鼓风干燥箱中 50℃ 下烘干，称重并计算产率。

六、注意事项

悬浮聚合反应进行 1h 后，体系中分散的颗粒黏度变大，此时搅拌速度应保持恒定，否则会导致颗粒黏在一起，或黏在搅拌器形成结块，导致反应失败。

七、思考题

（1）在本次悬浮聚合实验中，配方中各种组分的作用是什么？
（2）本实验的分散剂是什么？其作用原理是什么？
（3）悬浮聚合对单体有何要求？聚合前单体应如何处理？
（4）在悬浮聚合实验中，应特别注意控制哪些反应因素？
（5）悬浮聚合反应中影响产物分子量及分子量分布的主要因素有哪些？
（6）为什么在悬浮聚合反应中期易出现珠粒黏结？该如何避免？

实验五　线型酚醛树脂的制备

一、实验背景知识介绍

酚醛塑料是第一个商品化的合成聚合物，具有一系列优异的性能，如高强度、良好的尺寸稳定性、抗冲击性、抗蠕变性、耐溶剂性和良好的防潮性能等。大多数酚醛树脂需要用填料来增强，普通酚醛树脂通常用黏土、矿粉和短纤维增强；工程酚醛树脂则用玻璃纤维、石墨、聚四氟乙烯增强，使用温度可达 150～170℃。酚醛聚合物可用作胶黏剂并应用于胶合板、纤维板、砂轮，也可以作为涂料，如酚醛清漆。含酚醛树脂的复合材料不仅可用于航空飞行器，而且也可做成开关、插座、外壳等。

二、实验目的

（1）了解线型酚醛树脂的合成原理。
（2）了解反应物配比和反应条件对酚醛树脂结构的影响。
（3）掌握线型酚醛树脂的交联固化方法。

三、实验原理

　　酚醛树脂可通过苯酚和甲醛的缩聚来制备。当使用强碱作催化剂时，所得预聚物为甲阶酚醛树脂，甲醛与苯酚的物质的量比为（1.2～3.0）：1，甲醛为 36％～50％水溶液，催化剂为 1％～5％ NaOH 或 Ca(OH)$_2$，在 80～95℃反应 3h 得到预聚物。为了防止过度反应从而导致凝胶化，预聚物需要在真空条件下快速脱水。预聚物为固体或液体，分子量一般为 500～5000，略呈酸性，其水溶性与分子量和组成有关。预聚物的交联反应通常在 180℃下进行，交联反应与合成预聚物的化学反应相同。

　　线型酚醛树脂的合成通常以草酸或硫酸为催化剂，催化剂的用量为每 100 份苯酚 1～2 份草酸或约 1 份硫酸，甲醛和苯酚的物质的量比为（0.75～0.85）：1，加热回流 2～4h 即可制得预聚物。

　　由于反应体系中苯酚过量，甲醛的量相对不足，故只能生成低分子量的线型预聚物。将反应混合物高温脱水、冷却后粉碎，加入 5％～15％的六亚甲基四胺作为交联剂，加热即迅速发生交联反应。

四、实验仪器与试剂

1. 仪器
三口烧瓶，球形冷凝管，机械搅拌器，温度计，水浴装置，减压蒸馏装置，研钵，小烧杯。

2. 试剂
苯酚，甲醛水溶液，二水合草酸，蒸馏水，六亚甲基四胺。

五、实验步骤

1. 线型酚醛树脂的制备
（1）向装有机械搅拌器、球形冷凝管和温度计的三口烧瓶中加入 39g 苯酚（0.414mol）、27.6g 37％甲醛水溶液（0.339mol）、5mL 蒸馏水（如果使用的甲醛溶液浓度偏低，可按比例减少水的加入量）和 0.6g 二水合草酸，水浴加热并开动搅拌，反应混合物回流 1.5h。

（2）加入 90mL 蒸馏水，搅拌均匀后，冷却至室温，分离出水层。

（3）实验装置改为减压蒸馏装置，剩余部分逐步升温至 150℃，同时减压至 66.7～90.9kPa，保持 1h 左右，除去残留的水分，此时样品一经冷却即成固体。在产物保持可流动状态下，将其从烧瓶中倾出，得到无色脆性固体。

2. 线型酚醛树脂的固化

取 10g 酚醛树脂，加入六亚甲基四胺 0.5g，在研钵中研磨混合均匀。将粉末放入小烧杯中，小心加热使其熔融，观察混合物的流动性变化。

六、思考题

（1）环氧树脂能否作为线型酚醛树脂的交联剂，为什么？

（2）线型酚醛树脂和甲阶酚醛树脂在结构上有什么差异？

（3）反应结束后，加入 90mL 蒸馏水的目的是什么？

实验六　水溶性酚醛树脂的制备

一、实验背景知识介绍

酚醛树脂是胶黏剂工业中最早使用的合成树脂之一。它是由苯酚或甲酚、二甲酚、间苯二酚和甲醛在酸性或碱性催化剂存在下缩聚而成。改变苯酚与甲醛用量配比和催化剂类型，可制得两种结构和性质不同的树脂，即热固性酚醛树脂和热塑性酚醛树脂。热固性酚醛树脂是在碱性催化剂（氨水、氢氧化钠）存在下，由苯酚和甲醛（物质的量比小于 1）反应制得，它通常溶于酒精和丙酮。

为了降低价格和减少污染，可配制成水溶性酚醛树脂。热固性酚醛树脂经加热可进一步交联固化成不熔不溶物。热塑性酚醛树脂（又称线型酚醛树脂）是在酸性催化剂（如盐酸和草酸等）存在下，以甲醛与苯酚（物质的量比小于 1）通过缩聚反应制得，可溶于酒精和丙酮中。由于是线型结构，所以直接加热也不固化，使用时必须加入环六次甲基四胺等固化剂，才能使之发生交联变为不溶不熔物。

热固性酚醛树脂和热塑性酚醛树脂结构式见图 3-6。

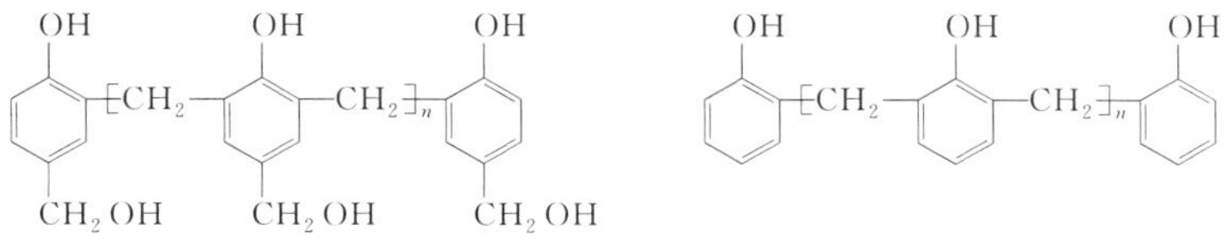

图 3-6　热固性酚醛树脂和热塑性酚醛树脂结构式

在实际使用时，一般情况下，往往首选热固性酚醛树脂胶黏剂，而热塑性酚醛树脂应用量要比热固性树脂少得多。

未改性的热固性酚醛树脂胶黏剂的品种很多，现在国内通用的有三种，分别为钡酚醛树脂胶、醇溶性酚醛树脂胶和水溶性酚醛树脂胶。钡酚醛树脂胶是用氢氧化钡为催化剂制取的甲阶酚醛树脂，可以在强酸作用下于室温固化，缺点是游离酚含量高达 20％左右，对操作者身体有害。同时由于含有酸性催化剂，黏结木材时会使木材纤维素水解，胶接强度随时间增长而下降。醇溶性酚醛树脂胶是用氢氧化钠为催化剂制取的甲阶酚醛树脂，也可用酸催化剂室温固化，性能与钡酚树脂胶相同但游离酚含量在 5％以下。水溶性酚醛树脂胶在这三种中是最重要的，因为游离酚含量低于 2.5％，对人体危害较小，同时，以水为溶剂可节约大量有机溶剂。

二、实验目的

（1）了解反应物的配比和反应条件对酚醛树脂结构的影响，合成水溶性酚醛树脂。
（2）进一步掌握不同预聚体的交联方法。

三、实验原理

水溶性酚醛树脂是由苯酚和甲醛以强碱催化的聚合产物，为甲阶酚醛树脂，甲醛与苯酚物质的量比为（1.2～3）：1。甲醛用 36％～50％的水溶液，催化剂为 NaOH 或 $Ca(OH)_2$，在 80～95℃下加热反应 3h，就得到预聚物。为了防止反应过头而导致凝胶化现象，预聚物要真空快速脱水。预聚物为固体或液体，分子量为一般 500～5000，呈微酸性，其水溶性与分子量和组成有关。交联反应常在 180℃下进行，并且交联反应和合成预聚物的反应是相同的。

本实验在 NaOH 存在下进行苯酚和甲醛聚合，甲醛量过量，得到水溶性酚醛树脂预聚物。

四、实验仪器与试剂

1. 仪器
四口烧瓶，球形冷凝管，温度计，量筒，机械搅拌器，水浴锅。

2. 试剂
苯酚，37％甲醛水溶液，40％NaOH 溶液。

五、实验步骤

（1）向装有机械搅拌器、球形冷凝管和温度计的四口烧瓶中加入 25g 苯酚和 40％NaOH 溶液 12.5mL，搅拌升温到 40～45℃。

（2）在 30min 内滴加 25mL 37％甲醛水溶液，此时温度逐渐升高，到 1.5h 时温度升至 87℃。

（3）继续在 25min 内将温度升至 94℃，保温 20min 后，降温至 82℃，恒温 15min，再加入 5mL 甲醛和 5mL 水，升温至 90～92℃，反应 20min 后取样测黏度至符合要求，冷却至 40℃出料。

六、注意事项

（1）加热融化后苯酚为无色油状物，加入到四口烧瓶中，瓶口边沿和烧杯中仍含有已结晶苯酚，为白色晶体，部分实验组中苯酚为粉红色的。苯酚的熔点为 40.4℃，因此在室温时，以固态形式存在。

（2）苯酚在空气中，易被氧化，氧化的部分呈粉红色。

七、思考题

（1）在整个反应过程中，为什么要控制升降温度？

（2）线型酚醛树脂和甲阶酚醛树脂在结构上有什么差异，合成条件又有何不同？

实验七　环氧树脂胶黏剂的合成及配制

一、实验背景知识介绍

环氧树脂是含有两个或者两个以上环氧基团的聚合物，环氧基可作为聚合物的侧基或者端基，可与不同类型的固化剂发生交联反应。一般可通过两类反应制备环氧树脂：（1）在 NaOH 作用下，多羟基化合物（如多元醇、多元酚或者线型酚醛树脂）与环氧氯丙烷的反应；（2）含多个碳碳双键的化合物或聚合物，在过氧化氢或过氧酸的作用下环氧化。

环氧树脂黏结力强，耐腐蚀、耐溶剂、抗冲击性能和电性能良好，广泛用于胶黏剂、涂料、复合材料等。环氧树脂的环氧端基和羟基可以成为进一步交联的基团，胺类和酸酐是交联的固化剂。乙二胺、二亚乙基三胺等伯胺类含有活泼氢原子，可使环氧基直接开环，属于室温固化剂。酸酐类（如邻苯二甲酸酐和马来酸酐）作固化剂，因其活性较低，须在较高温度（150～160℃）下固化。

二、实验目的

（1）掌握双酚 A 型环氧树脂的实验室制法。

（2）了解环氧值的测定方法和一般环氧树脂胶黏剂的配制方法和应用。

三、实验原理

双酚 A 型环氧树脂是由环氧氯丙烷与双酚 A 在氢氧化钠催化作用下不断地进行开环、闭环得到的线型树脂，其反应如图 3-7 所示。

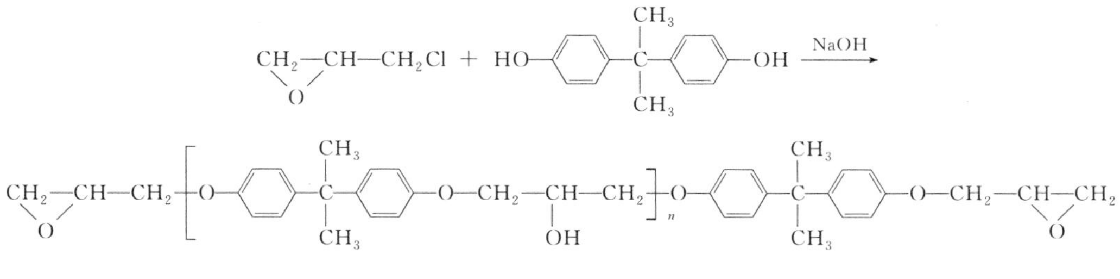

图 3-7　双酚 A 型环氧树脂反应

式中 n 为聚合度，一般在 0～12 之间，分子量在 340～3800 之间。$n=0$ 或 1 时，为淡黄色黏滞液体；$n \geqslant 2$ 时，则为固体。聚合度 n 值大小由原料配比（环氧氯丙烷和双酚 A 物质的量比）、温度条件、氢氧化钠浓度和加料次序来控制。

单体的配比与环氧树脂分子量的关系：

（1）越接近于 1，聚合度越高，分子量越大；

（2）环氧氯丙烷过量越多，越有利于形成末端环氧基，得到的环氧树脂分子量越低；

本实验所制备的环氧树脂为低聚合度、高环氧值的品种。因此，在实验中使用过量的环氧氯丙烷。

四、实验仪器与试剂

1. 仪器

四口烧瓶（250mL），电动搅拌器，温度计（100℃和 200℃），球形冷凝管，直形冷凝管，滴液漏斗（50mL），分液漏斗（250mL），电炉，水浴锅，减压蒸馏装置，量筒（25mL 和 50mL），电子天平，移液管，容量瓶（100mL）。

2. 试剂

双酚 A，环氧氯丙烷，氢氧化钠，浓盐酸，丙酮，0.1mol/L NaOH 标准溶液，甲苯，乙二胺，酚酞，浓硫酸，重铬酸钾，铝片，轻质碳酸钙，邻苯二甲酸二丁酯，蒸馏水。

五、实验步骤

1. 环氧树脂的制备

（1）将 22g 双酚 A（0.1mol）、28g 环氧氯丙烷（0.3mol）加入装有搅拌器、滴液漏斗、球形冷凝管及温度计的四口烧瓶中，搅拌并加热至 70℃，使双酚 A 全部溶解。

（2）称取 8g 氢氧化钠溶解在 20mL 水中，置于 50mL 滴液漏斗中；慢慢滴加氢氧化钠溶液至四口烧瓶中，保持反应液温度在 70℃左右，约 30min 内滴加完毕；在 75～80℃继续反应 1.5～2h，可观察到反应混合物呈乳黄色。

（3）向反应瓶中加入 30mL 蒸馏水和 60mL 甲苯，充分搅拌，倒入分液漏斗，静置分层后，分去水层；油层用蒸馏水洗涤数次，直至分出的水相呈中性无氯离子（用 pH 试纸和 $AgNO_3$ 溶液试验）。

（4）先常压蒸馏，然后减压蒸馏，以充分除去甲苯、水及未反应的环氧氯丙烷，得到淡黄色透明黏稠液。

2. 环氧值的测定

（1）用移液管将 1.6mL 浓盐酸转入 100mL 的容量瓶中，以丙酮稀释至刻度，配成 0.2mol/L 的盐酸-丙酮溶液（现配现用，不需标定）。

（2）准确称取 0.3～0.5g 样品置于锥形瓶中，移入 15mL 盐酸-丙酮溶液，将锥形瓶盖好，放在阴凉处（约 15℃的环境中）静置 1h。然后加入两滴酚酞指示剂，用 0.1mol/L

的标准 NaOH 溶液滴定至粉红色，做平行试验，并做空白对比。

$$环氧值 = \frac{(V_0 - V_1)M}{10m}$$

式中　V_0——空白滴定消耗 NaOH 的体积，mL；

　　　V_1——样品滴定消耗 NaOH 的体积，mL；

　　　M——NaOH 标准溶液浓度，mol/L；

　　　m——样品质量，g。

3. 胶黏剂的配制和应用

本实验制得的是低分子量环氧树脂。应用试验时可用各种金属、玻璃、聚氯乙烯塑料、瓷片等作为试样。

黏接操作包括对被黏物的表面处理、胶黏剂的配制、黏接和固化。

（1）表面处理　为保证胶黏剂与被黏接界面有良好的黏附作用，被黏接材料必须经过表面处理，以除去油污等杂质。

将两块铝片在处理液（重铬酸钾 10 份，浓硫酸 50 份，蒸馏水 340 份）中浸泡 10～15min，以除去油污，然后将其表面打磨，使其粗糙，蒸馏水冲洗，热风吹干，自然冷却至室温。

（2）胶黏剂的配制　按如下配方配制胶黏剂：

环氧树脂（本实验产品）10g；轻质碳酸钙（填料）6g；邻苯二甲酸二丁酯（增塑剂）0.9g；乙二胺（固化剂）0.8g。

先将树脂与增塑剂混合均匀，然后加入填料混匀，最后加入固化剂，混匀后就可进行涂胶了。注意胶黏剂配制好后，要立即使用，放置过久会固化变质。用过的容器和工具应立即清洗干净。

（3）胶结和固化　取少量胶涂于两块铝片端面，胶层要薄而均匀（约 0.1mm 厚），把两块铝片对准胶合面合拢，使用适当的夹具使黏接部位在固化过程中保持定位；室温下放置 8～24h 可完全固化，1～4d 后可达到最高的黏接强度，升温可缩短固化时间。例如在 80℃，固化时间不超过 3h。

固化剂乙二胺的用量计算公式如下：

$$G = \frac{M}{H} \times E$$

式中　G——每 100g 环氧树脂所需胺的质量，g；

　　　M——胺的摩尔质量，g/mol；

　　　H——胺中活泼氢原子的数目；

　　　E——环氧树脂的环氧值。

六、注意事项

（1）乙二胺有毒性、有臭味，挥发性大，对眼睛、呼吸道和皮肤均有刺激性，固化时放出大量热，宜在通风橱内进行相关操作。

（2）减压蒸馏后期，物料黏度较大且温度较高，应密切关注蒸馏烧瓶内的毛细管是否堵塞，以防发生事故。

七、思考题

（1）环氧树脂反应机理及影响合成的主要因素是什么？

（2）在环氧树脂制备过程中，氢氧化钠起什么作用？

实验八　聚乙烯醇的制备

一、实验背景知识介绍

工业上聚乙烯醇（PVA）绝大多数用于制备维尼纶纤维，也可用作苯乙烯、氯乙烯等悬浮聚合中的悬浮剂。市场出售的糨糊，就是以 PVA 为原料制成的（将所得的 PVA 进一步与甲醛反应制成聚乙烯醇缩甲醛——胶水）。

由于乙烯醇与乙醛存在互变异构，一般情况下乙烯醇会自动变成乙烯醇和乙醛的混合物，且在稳定的乙烯醇与乙醛的混合物中，乙烯醇含量很小。因此，工业上聚乙烯醇并不是由乙烯醇单体直接聚合而成，而是通过聚醋酸乙烯酯的醇解或水解制备而成。

由于醇解法制备的 PVA 易于精制，纯度高，产品性能好，因而目前在工业上得到广泛应用。

二、实验目的

了解聚醋酸乙烯酯的醇解反应原理、特点及影响醇解程度的因素。

三、实验原理

本实验以甲醇为溶剂，氢氧化钠为催化剂进行醇解。为了使实验更适合教学需要，采用的醇解条件比工业上温和。

聚醋酸乙烯酯（PVAc）在催化剂 NaOH 作用下进行醇解反应，其主反应式如下所示：

$$\pm CH_2-CH \pm_n \quad +nCH_3OH \xrightarrow{NaOH} \pm CH_2-CH \pm_n +nCH_3COOCH_3$$
$$\quad\quad |\quad\quad\quad\quad\quad\quad\quad\quad\quad\quad\quad |$$
$$\quad OCOCH_3 \quad\quad\quad\quad\quad\quad\quad\quad OH$$

在主反应中，NaOH 仅起催化剂的作用，但 NaOH 还参与了以下两个副反应：

$$CH_3COOCH_3+NaOH \longrightarrow CH_3COONa+CH_3OH$$

$$\pm CH_2-CH \pm_n \quad +nNaOH \longrightarrow \pm CH_2-CH \pm_n +nCH_3COONa$$
$$\quad\quad |\quad\quad\quad\quad\quad\quad\quad\quad\quad\quad\quad |$$
$$\quad OCOCH_3 \quad\quad\quad\quad\quad\quad\quad\quad OH$$

因为水的存在，使反应体系内产生了乙酸钠，当水含量较高时，这两个副反应将显著进行。因为副反应消耗了大量的 NaOH，从而降低了对主反应的催化效率，使醇解反应不完全，降低了产品质量。所以为了避免这种副反应的发生，对物料中的水分含量要有严格的限制，一般控制在 5% 以下。

在醇解反应中，聚醋酸乙烯酯脱醋酸的反应速率与聚醋酸乙烯酯的聚合度基本无关，其只随反应的进行而变化。

聚醋酸乙烯酯的醇解反应，实际上是聚醋酸乙烯酯与甲醇的酯交换反应，醇解反应机理和低分子酯与醇之间的交换反应很类似。

在聚醋酸乙烯酯的醇解反应中，由于生成的产物聚乙烯醇不溶于甲醇，所以成絮状物析出。作为纤维使用的聚乙烯醇，残留醋酸根含量应控制在 0.2% 以下，即醇解度大于 99.8%。为了满足这一要求，必须选择合适的工艺条件。

1. 甲醇的量

甲醇的量和聚醋酸乙烯酯的浓度对醇解反应有很大的影响。实践证明，在其他条件不变的情况下，醇解度随聚醋酸乙烯酯浓度的增加而降低，但如果聚醋酸乙烯酯浓度太低，则溶剂甲醇消耗量较大，溶剂损失和回收工作量大，因此工业生产中聚醋酸乙烯酯浓度一般为 22%。

2. NaOH 用量

目前生产中 NaOH 用量为 PVAc 的 0.12 倍，亦即 NaOH：PVAc=0.12：1（物质的量比）。实验表明：NaOH 用量过高，对醇解反应速率和醇解度的影响并不显著，反而使体系中醋酸钠含量增大，影响产品质量。

3. 醇解温度

提高反应温度会使醇解反应速率增大，反应时间缩短；但温度提高相应也会使副反应的速率增大，致使碱的消耗量增大、产物中醋酸根含量增加，产品质量降低，因此目前工业上采用醇解温度通常为 45~48℃。

4. 其他

因为聚醋酸乙烯酯溶于甲醇，而聚乙烯醇是不溶于甲醇，所以在醇解过程中，反应体系从均相变为非均相，中间存在相变过程。相变发生的时间早晚以及相变时醇解度大小，都直接影响到聚乙烯醇中的醋酸根含量多少，即最终醇解度的大小。在醇解反应过程中，当体系内刚出现胶冻时，必须加快搅拌速度，将胶冻打碎，并适当补加一些溶剂，才能保证醇解反应较完全的进行。

四、实验仪器与试剂

1. 仪器

三口烧瓶，电动搅拌器，球形冷凝管，电子天平，温度计，水浴锅，抽滤装置，真空干燥箱。

2. 试剂

聚醋酸乙烯酯，无水甲醇，3％氢氧化钠溶液。

五、实验步骤

（1）向装有电动搅拌器和球形冷凝管的 250mL 三口烧瓶中，加入 90mL 无水甲醇，开启搅拌，缓慢加入聚醋酸乙烯酯固体 15g，水浴 50℃使其完全溶解。

（2）将溶液冷却到 30℃后，加入 3％NaOH 溶液 1.5mL 和甲醇 1.5mL，然后水浴升温至 32℃，开始醇解反应。

（3）将产物用布氏漏斗抽滤，分别用 15mL 甲醇洗涤三次，室温自然干燥后，再放入真空干燥箱中，50℃真空干燥 1h。

六、注意事项

（1）溶解聚醋酸乙烯酯时要先加入甲醇，在搅拌下缓慢将聚醋酸乙烯酯碎片加入，否则会黏结成团，影响其溶解。

（2）搅拌速度的控制是本实验关键因素。PVA 和 PVAc 在甲醇中的溶解度不同，PVA 不溶于甲醇，而 PVAc 易溶于甲醇。随醇解反应的进行，PVAc 大分子上的乙酰氧基（$CH_3COO—$）逐渐被羟基（—OH）所取代。当醇解度达到 60％时，聚合物体系就要从溶解状态变成不溶状态，此时体系的外观发生突变，会出现一团胶冻，即所谓的相变现象。此时，要加大搅拌速度，剧烈搅拌，把胶冻打碎，才能使醇解反应进行完全，否则，胶冻内包裹的 PVAc 不能醇解完全，使实验失败。所以在实验中要特别注意观察相变现象，一旦胶冻出现，要及时提高搅拌速度。

七、思考题

（1）为什么会出现胶冻？对醇解有什么影响？

（2）在 PVA 制备过程中，影响醇解度的因素有哪些？怎样才能获得较高的醇解度？

（3）如果 PVAc 纯度较低，仍含有未反应的单体和水时，那么对醇解反应会有什么影响？

实验九　聚乙烯醇缩甲醛的制备

一、实验背景知识介绍

聚乙烯醇缩甲醛是聚乙烯醇与甲醛缩合反应的产物，而合成原料聚乙烯醇是一种呈白色粉末状的高分子聚合物，易溶于水，可与甲醛反应进行部分缩醛化，随着缩醛度的增加，其水溶性降低。

缩醛度较低的聚乙烯醇缩甲醛是水溶性的，主要用作胶黏剂、涂料；当缩醛度增加到35％左右时，产物变得不溶于水，可以纺丝制成维尼纶纤维，维尼纶纤维简称维伦，强度是棉花的 1.5～2.0 倍，吸湿性则为 5％，性能接近天然纤维，又称"合成棉花"，是一种性能优良的合成纤维。

二、实验目的

了解聚乙烯醇缩甲醛化学反应的原理，并制备胶水。

三、实验原理

在盐酸催化作用下，聚乙烯醇与甲醛通过缩合反应生成聚乙烯醇缩甲醛，其反应如下：

$$\sim\sim CH_2-CH-CH_2-CH\sim\sim + HCHO \xrightarrow{HCl} \sim\sim CH_2-CH-CH_2-CH\sim\sim + H_2O$$

本实验合成的是水溶性的聚乙烯醇缩甲醛。反应过程中需要控制较低的缩醛度以保持产品的水溶性。若反应过于剧烈，则会造成局部缩醛度过高，导致不溶于水的物质产生，影响胶水质量。因此在反应过程中，特别注意要严格控制催化剂用量、反应温度、反应时间及反应物比例等因素。

聚乙烯醇缩甲醛随缩醛化程度的不同，性质和用途各有所不同，它能溶于甲酸、氯仿、乙醇-甲苯混合物以及 60％的乙醇水溶液等溶剂，缩醛度为 75％～85％ 的聚乙烯醇缩甲醛的重要用途是制造绝缘漆和胶黏剂。根据不同用途，控制反应物的配比、反应温度、反应时间和催化剂用量等反应条件，可得到不同黏度和缩醛度的胶黏剂或涂料。

四、实验仪器与试剂

1. 仪器

三口烧瓶（250mL），球形冷凝管，电动搅拌器，温度计，量筒，水浴锅。

2. 试剂

聚乙烯醇，40％甲醛溶液，稀盐酸（浓盐酸与水体积比为 1∶4），8％氢氧化钠溶液，去离子水。

五、实验步骤

（1）向装有电动搅拌器和球形冷凝管的 250mL 的三口烧瓶中加入 90mL 去离子水和7g 聚乙烯醇，水浴加热至 90℃，并保温 30min 使聚乙烯醇完全溶解。

（2）当聚乙烯醇全部溶解后，加入 40％甲醛水溶液 4.6mL，搅拌 15min，再加入稀盐酸调节溶液 pH，使溶液 pH 为 1～3。

（3）保持反应温度 90℃左右，继续搅拌反应，反应体系黏度逐渐变大，当体系中出现气泡或有絮状物产生时，立即加入 8% 的 NaOH 溶液 1.5mL，同时加入 34mL 去离子水。

（4）用盐酸调节体系的 pH 为 8～9。然后冷却至室温，产物为无色透明黏稠液体。

六、思考题

（1）简述缩醛化反应机理及催化剂的作用。

（2）为什么随着缩醛度的增加，产物的水溶性会下降，当达到一定缩醛度以后，产物完全不溶于水？

（3）为什么产物要将产物最终的 pH 调到 8～9？试讨论酸碱条件下缩醛的稳定性。

实验十　苯乙烯与马来酸酐的交替共聚

一、实验背景知识介绍

苯乙烯-马来酸酐共聚物（SMA）是高分子聚合物，其价格低廉，性能优异，广泛应用于汽车零部件、建筑材料、塑料工业、造纸工业、涂料助剂等领域。

SMA 树脂可按其结构分为交替型 SMA 和无规型 SMA，其结构如图 3-8 所示：

当 $x=y=1$ 时，上述结构式为交替型 SMA；

当 $x>y$ 时，且考虑到马来酸酐不能自聚，上述结构式为无规型 SMA。

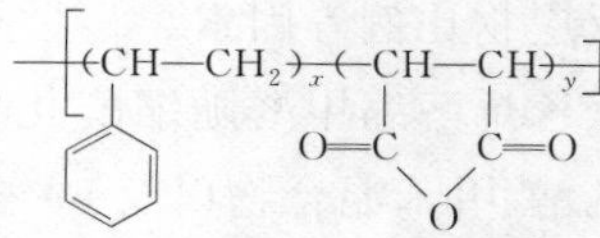

SMA 树脂拥有较其他树脂无可比拟的优良耐热性。这主要是因为聚合物分子中马来酸酐的五元环结构单元使高分子链的刚性得以增强，聚合物玻璃化温度（Tg）随着酸酐含量的增加而升高。

图 3-8　SMA 的结构式

SMA 树脂还具有良好的尺寸稳定性，易于加工成型；缺点是韧性不足，一般通过对 SMA 树脂进行特定功能的接枝改性，来提升其使用性能。

一般而言，常以分子量的高低来划分聚合物的应用范围。高分子量 SMA 的结构主要是无规型，常用于工业制造业；低分子量 SMA 的结构主要是交替型，常作为有机颜料分散剂、纸张表面施胶剂、乳液聚合的保护胶体等，应用于涂料、造纸、纺织、印染和水处理等行业中。

制备苯乙烯-马来酸酐共聚物可采用溶液聚合和沉淀聚合两种方法。溶液聚合是将单体溶于适当溶剂中，加入引发剂，在溶液状态下进行的聚合反应。如果生成的聚合物也能溶于溶剂，则产物是溶液，称为均相溶液聚合。如果生成的聚合物不能溶于溶剂中，则随着反应进行，生成的聚合物不断地沉淀出来，这种聚合称为非均相聚合，也称为沉淀聚合。

本实验选用甲苯作溶剂，采用沉淀聚合制备苯乙烯-马来酸酐共聚物（树脂）。

二、实验目的

（1）了解苯乙烯与马来酸酐自由基交替共聚的基本原理。

（2）掌握自由基沉淀聚合的实施方法。

三、实验原理

马来酸酐也称为顺丁烯二酸酐（顺酐），由于存在电子效应与空间位阻效应，一般条件下很难发生均聚反应。苯乙烯由于共轭效应很容易发生均聚反应，当将上述两种单体按一定配比混合，在引发剂作用下很容易发生共聚，得到具有规整交替结构的共聚物，即苯乙烯-马来酸酐共聚物。

带强推电子取代基的乙烯基单体与带强吸电子取代基的乙酸基单体组成的单体对进行共聚合反应时容易得到交替共聚物。

关于其聚合反应机理目前有两种理论。

（1）"过渡态极性效应理论"认为在反应过程中，链自由基和单体加成后形成因共振作用而稳定的过渡态。以苯乙烯/马来酸酐共聚合为例，因极性效应，苯乙烯自由基更易于与马来酸酐单体形成稳定的共振过渡态，因而有优先与马来酸酐进行交叉链增长反应，反之马来酸酐自由基则优先与苯乙烯单体加成，结果得到交替共聚物（图 3-9）。

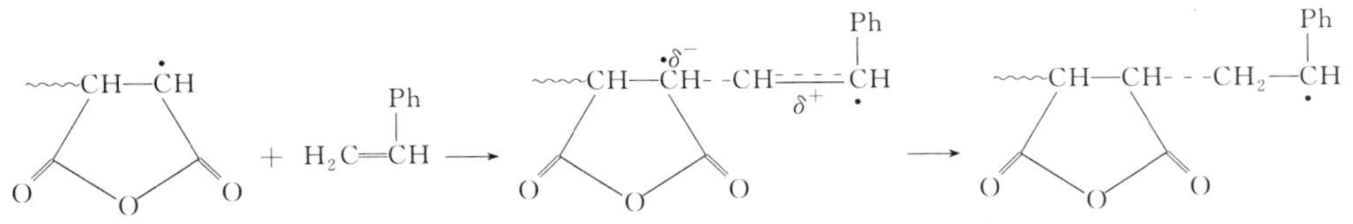

图 3-9 共振过渡态

（2）"电子转移复合物均聚理论"则认为两种不同极性的单体先形成电子转移复合物，该复合物再进行均聚反应得到交替共聚物，这种聚合方式不再是典型的自由基聚合。

$$\sim\!\!\sim\!\!(DA)_n\overset{+}{D}\cdots\overset{-}{A} \;+\; \overset{+}{D}\cdots\overset{-}{A} \longrightarrow \sim\!\!\sim\!\!(DA)_{n+1}\overset{+}{D}\cdots\overset{-}{A}$$

D 为带电子取代基单体，A 为吸电子取代基单体

这样的单体对在自由基引发下进行共聚合反应时：①当单体的组成比为 1∶1 时，聚合反应速率最大；②不管单体组成比如何，总是得到交替共聚物；③加入 Lewis 酸可增强单体的吸电子性，从而提高聚合反应速率；④链转移剂的加入对聚合产物分子量的影响甚微。

四、实验仪器与试剂

1. 仪器

三口烧瓶，球形冷凝管，温度计，机械搅拌器，水浴锅，抽滤装置，真空干燥箱。

2. 试剂

苯乙烯（新蒸），马来酸酐，甲苯（新蒸），偶氮二异丁腈（AIBN）。

五、实验步骤

（1）向装有球形冷凝管、温度计与电动搅拌器的三口烧瓶中，分别加入 75mL 甲苯、2.9mL 新蒸苯乙烯、2.5g 马来酸酐及 0.005gAIBN，室温搅拌至混合物全部溶解。

（2）保持搅拌，将反应混合物加热升温至 85～90℃，可观察到有苯乙烯-马来酸酐共聚物沉淀生成，反应 1h 后停止加热。

（3）反应混合物冷却至室温后抽滤，所得白色粉末在 60℃下真空干燥后，称重，计算产率，比较聚苯乙烯与苯乙烯-马来酸酐共聚物的红外光谱。

六、思考题

（1）比较沉淀聚合和溶液聚合的优缺点？

（2）试推断以下单体对进行自由基共聚合时，何者容易得到交替共聚物？为什么？

（a）丙烯酰胺/丙烯腈；（b）乙烯/丙烯酸甲酯；（c）三氟氯乙烯/乙基乙烯基醚

实验十一　聚丙烯酰胺水凝胶的制备

一、实验背景知识介绍

聚丙烯酰胺（PAM）是丙烯酰胺均聚物和共聚物的统称，是一种水溶性的高分子化合物，其结构中含有大量的酰胺基，易形成氢键，从而具有较好的稳定性和絮凝作用，同时易于化学改性，可通过接枝共聚或交联得到支链或网状结构等多种改性物，素有"百业助剂"之称。通过引入基团、纳米材料制备而成的各种特性的聚丙烯酰胺水凝胶，广泛应用于水处理、生物医药、废弃物处理等领域。

二、实验目的

（1）掌握制备水凝胶的一般方法与原理。

（2）了解通过引入基团、化学改性等方法制备具有各种特殊性能的聚丙烯酰胺水凝胶。

三、实验原理

本实验采用单体聚合交联法制备聚丙烯酰胺水凝胶，单体聚合交联是目前化学交联中使用最频繁的一种合成方式。具体为利用一些溶于水的单体分子，在引发剂与交联剂的作用下，使单体分子变成高分子链且相互交联从而进一步形成凝胶。目前，这类方法中所使用的单体以丙烯酸系列、丙烯酰胺系列为主，与之对应的交联剂则多使用含有两个官能团及多个官能团的双乙烯基交联剂，如 N,N-亚甲基双丙烯酰胺、双丙烯乙二醇酯等。引发剂一般为过氧化物类化合物，如过硫酸钾、过硫酸铵等。

四、实验仪器与试剂

1. 仪器

电动搅拌器，电炉，水浴装置，冷凝管，三口烧瓶（100mL），电子天平，温度计（100℃）。

2. 试剂

丙烯酸（AA），NaOH 固体，丙烯酰胺（AM），过硫酸钾（$K_2S_2O_8$），N,N'-亚甲基双丙烯酰胺（MBA，分析纯），实验用水为超纯水（≥18.2MΩ·cm），N_2。

五、实验步骤

（1）如图 3-10 所示，在三口烧瓶中依次加入适量的丙烯酸（AA）36.0g、NaOH 16g 和丙烯酰胺（AM）10.7g，加入 50mL 的蒸馏水溶解，然后加入交联剂 N,N'-亚甲基双丙烯酰胺 0.3g，在室温下电动搅拌 10min。

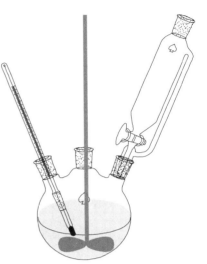

图 3-10　丙烯酰胺水凝胶的
制备实验装置

（2）通入 N_2 以排尽烧瓶中的氧气，加入 0.9g 引发剂 $K_2S_2O_8$，在 50℃恒温水浴聚合反应 8h。

（3）将反应得到的产物以蒸馏水洗涤、浸泡和过滤，重复多次，以去除非凝胶部分。

（4）在 70℃恒温干燥至恒重，粉碎、筛分、备用。

六、思考题

（1）反应体系中 NaOH 的作用是什么？

（2）反应过程为什么要通氮气？

实验十二　基因转移聚合制备聚甲基丙烯酸甲酯

一、实验背景知识介绍

基团转移聚合（Group Transfer Polymerization，GTP）是活性聚合方法之一，因为引发剂中的甲硅烷基转移到聚合物生长末端而被命名。GTP 的特点是聚合物的分子量可以控制，并且官能团可以通过引发剂和终止剂等的分子设计引入聚合物末端。

自 O. W. Webster 等人于 1983 年发现并定义基团转移聚合（Group Transfer Polymerization，GTP）概念以来，这种活性/可控的聚合方法已有 39 年的历史。最早开发这种方法是为了解决当利用阴离子聚合方法实现丙烯酸酯单体聚合时所需的超低温问题。经研究证明，GTP 在室温下可以实现丙烯酸酯单体的聚合并可以很好地对分子量进行控制，基团转移聚合也成为继阴离子活性聚合、阳离子活性聚合、自由基活性聚合以及配位聚合之外的第五种活性/可控聚合方法。

二、实验目的

(1) 掌握基因转移聚合的原理、工艺特点和操作方法。

(2) 掌握无氧操作技术及活性/可控自由基聚合技术。

三、实验原理

基团转移聚合（Group Transfer Polyermerization，GTP）由 Webster 等于 1983 年发现，它是一个基于 Michael 加成反应原理进行的一种聚合反应，其聚合机理如下［以甲基丙烯酸甲酯（MMA）的聚合反应为例］：

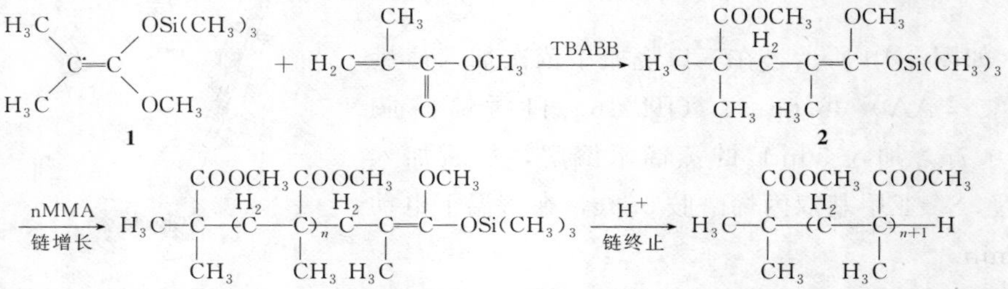

上述反应中，以 1-甲氧基-1-(三甲基甲硅氧基)-2-甲基-1-丙烯 **1** 为引发剂，在亲核催化剂四丁基二苯甲酸氢铵（TBABB）的催化作用下，与 MMA 单体发生 Michael 加成反应，生成反应物 **2**。由于 **2** 的末端同样是烯酮硅缩醛结构，因此可以再与体系中的 MMA 单体加成进行链增长，生成大分子。在聚合反应的各个阶段，都伴随着从引发剂或增长链末端向单体的羰基上转移一个三甲基硅基（$SiMe_3$）的过程，因此该聚合被称为基团转移聚合。

GTP 具有活性聚合的全部特点，其活性末端可用甲醇等含活泼氢的化合物进行终止。与阴离子活性聚合相比，GTP 可在较高温度下（如 20～70℃）下进行，这在极性单体（丙烯酸酯、甲基丙烯酸酯、丙烯腈）的活性聚合中具有重要意义。

四、实验仪器与试剂

1. 仪器

磁力搅拌器，注射器（50mL、10mL、1mL、0.25mL），磨口三通活塞，双颈烧瓶（50mL），锥形瓶（50mL），抽滤装置，减压装置，凝胶色谱仪，真空干燥箱，旋转蒸发仪。

2. 试剂

二异丙胺，10mol/L 正丁基锂庚烷溶液，异丁酸甲酯，三甲基氯化硅，苯甲酸，MMA，甲醇，四氢呋喃（THF），石油醚（30～60℃），1mol/L Bu_4NOH 甲醇溶液，氮气，甲醇。

五、实验步骤

1. 引发剂二甲基乙烯酮甲基三甲基硅氧基缩醛的制备

反应式如下所示：

$$[(CH_3)_2CH]_2NH + BuLi \longrightarrow [(CH_3)_2CH_3]_2N^{\ominus}Li^{\oplus}$$

$$(CH_3)_2CHCO_2CH_3 \xrightarrow{[(CH_3)_2CH_3]_2N^{\ominus}Li^{\oplus}}$$

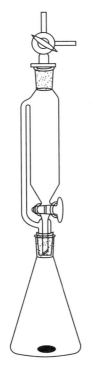

反应装置如图 3-11 所示，整套反应装置经加热抽真空、充氮气处理后，加入 14.0mL（0.1mol）二异丙胺和 40mL THF，然后在 0℃下滴入 12mL 正丁基锂庚烷溶液（含 0.12mol 正丁基锂），反应 30min。再滴入 12mL（0.1mol）的异丁酸甲酯，反应 30min，除去冰浴，加入 31.7mL（0.25mol）的三甲基氯化硅，室温下反应 30min，滤去沉淀，旋转蒸发除去溶剂，减压蒸馏，收集 38℃/2666Pa 馏分（$n^{28} = 1.4124$，$d = 0.8265 \text{g/mL}$）。

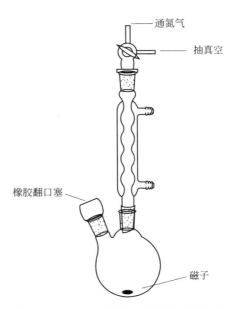

图 3-11　二甲基乙烯酮甲基
三甲基硅氧基缩醛的制备装置图

图 3-12　MMA 基团转移聚合反应装置图

2. 催化剂四丁基二苯甲酸氢铵的合成制备

反应式如下所示：

$$2C_6H_5COOH + Bu_4NOH \longrightarrow Bu_4NH(C_6H_5CO)_2$$

在 10mL 甲醇中，加入 5mL 1mol/L Bu$_4$OH 甲醇溶液，1.22g（0.01mol）苯甲酸，搅拌溶解，放置过夜，真空干燥，得到白色固体产物（熔点 103～105℃）。将产物配制成 0.2mol/L 的 THF 溶液，待用。

3. 聚合

（1）聚合反应装置如图 3-12，整套装置边烘烤边抽真空 10min，然后循环抽真空、充氮气三次，在氮气保护作用下用干燥的注射器依次注入 20mL THF、5mL MMA、0.2mL 引发剂和 0.04mL 催化剂溶液，聚合反应立即开始，体系温度急剧上升，溶剂沸腾。等体系降至室温后，由橡胶翻口塞抽取 1mL 产物溶液，加到 20mL 石油醚中，过滤收集聚合物沉淀，真空干燥过夜，计算转化率。

（2）单体添加实验：取样后往（1）体系中再注入 3mL MMA，瓶内温度立即上升，黏度明显增大，这表明所加单体继续被引发聚合。降温后，搅拌 10min，倒入 200mL 石油醚中沉淀纯化，过滤、真空干燥，计算单体转化率。

4. 分子量测定

用凝胶渗透色谱（GPC）测定产物分子量与分子量分布（THF 作流动相，单分散性聚苯乙烯作标样，样品配制浓度约为 50mg 样品/4mL THF），比较单体添加前后分子量及分子量分布变化情况，并加以讨论。

六、注意事项

（1）MMA 先经常规方法处理后，再加 CaH$_2$ 减压蒸馏；THF 先后在 P$_2$O$_5$、CaH$_2$ 存在下减压蒸馏。

（2）引发剂和催化剂的制备较繁杂，每组学生的用量很少，可由教师或实验技术人员预先完成。

七、思考题

（1）根据 GTP 反应机理，讨论适合进行 GTP 的单体应该具有何种结构特点？

（2）如何运用 GTP 方法合成甲基丙烯酸甲酯和丙烯酸丁酯嵌段共聚物？

实验十三　阳离子聚合制备聚苯乙烯

一、实验背景知识介绍

聚苯乙烯是无色、无味、有光泽的固体，具有耐化学药品腐蚀性强、熔点低的特点。其良好的透明度和易成型的优势，使其在轻工制品、包装、合成木材以及材料装饰等领域被广泛应用。此外，由于其具有优良的电气性能，被广泛应用于仪表与光学仪器表面。

阳离子聚合是由阳离子源（引发剂 RX），在共引发剂 Lewis 酸（即酸活化剂）的作用下，形成活性种 R$^+$X$^-$引发单体聚合，最终生成预定结构的聚合物。要克服"慢引发、快增长、易转移或终止"的缺点，可通过选择适当的引发体系与聚合环境，实现控制活性阳离子聚合，从而制备嵌段、支化与超支化聚合物。

二、实验目的

通过实验加深对阳离子聚合的认识，掌握阳离子聚合的实验操作。

三、实验原理

阳离子聚合反应是由链引发、链增长、链终止和链转移四个基元反应构成。
链引发：

$$C + RH \xrightarrow{k} H^+(CR)^-$$

$$H^+(CR)^- + M \xrightarrow{k_i} HM^+(CR)^-$$

其中 C、RH 和 M 分别为引发剂、助引发剂和单体。
链增长：

$$HM^+(CR)^- + nM \xrightarrow{k_p} HM_n M^+(CR)^-$$

链终止和链转移：

$$HM_n M^+(CR)^- \xrightarrow{k_t} M_{n+1} + H^+(CR)^-$$

$$HM_n M^+(CR)^- + M \xrightarrow{k_{trM}} HM_n M + M^+(CR)^-$$

$$HM_n M^+(CR)^- + S \xrightarrow{k_{trS}} HM_n M + S^+(CR)^-$$

某些单体的阳离子聚合的链增长存在碳正离子的重排反应，绝大多数的阳离子聚合链转移和链终止反应多种多样，使其动力学表达较为复杂。温度、溶剂和反离子对聚合反应影响较为显著。

Lewis 酸是阳离子聚合常用的引发剂，在引发除乙烯基醚类以外单体进行聚合反应时，需要加入助引发剂（如水、醇、酸或氯代烃）。例如，使用水或醇作为助引发剂时，它们与引发剂（BF_3）形成配合物，然后解离出活泼阳离子，引发聚合反应。

阳离子聚合对杂质极为敏感，杂质或加速聚合反应，或对聚合反应起阻碍作用，还能起到链转移或链终止的作用，使聚合物分子量下降。因此。进行离子型聚合，需要精制所用溶剂、单体和其他试剂，还需对聚合系统进行深度干燥。

本实验以 BF_3/Et_2O 作为引发剂，在苯中进行苯乙烯阳离子聚合。

四、实验仪器与试剂

1. 仪器

100mL 三口烧瓶，分液漏斗，锥形瓶，注射器，注射针头，电磁搅拌器，真空系统，减压蒸馏装置，通氮系统，真空干燥箱。

2. 试剂

苯乙烯（精制），苯，BF$_3$/Et$_2$O，甲醇，5％NaOH，蒸馏水，无水硫酸钠，浓H$_2$SO$_4$，氮气。

五、实验步骤

1. 溶剂和单体的精制

（1）单体精制　在100mL分液漏斗中加入50mL苯乙烯单体，用15mL的NaOH溶液（5％）洗涤两次。用蒸馏水洗涤至中性，分离出的单体置于锥形瓶中，加入无水硫酸钠干燥至液体透明。干燥后的单体进行减压蒸馏，收集59～60℃/53.3kPa的馏分，储存在烧瓶中，充氮封存，置于冰箱中。

（2）溶剂苯需进行预处理　400mL苯用25mL浓硫酸洗涤两次以除去噻吩等杂环化合物，用5％的NaOH溶液25mL洗涤一次，再用蒸馏水洗至中性，加入无水硫酸钠干燥待用。

2. 引发剂精制

BF$_3$/Et$_2$O长期放置，颜色会转变成棕色。使用前，在隔绝空气的条件下进行蒸馏，收集馏分。商品BF$_3$/Et$_2$O溶液中BF$_3$的含量为46.6％～47.8％，必要时用干燥的苯稀释至适当浓度。

3. 苯乙烯阳离子聚合

苯乙烯阳离子聚合装置（图3-13）应安装在双排管反应系统上。

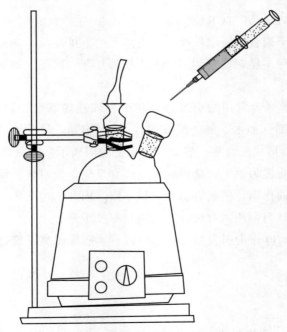

图3-13　苯乙烯阳离子聚合装置

所用玻璃仪器包括注射器、注射针头和磁子在内，预先置于100℃烘烤箱中干燥过夜。趁热将反应瓶连接到双排管聚合系统上，体系抽真空，通氮气，反复三次，并保持反应体系为正压。分别用50mL和5mL先后注入25mL苯和3mL苯乙烯，开动电磁搅拌，再加入BF_3/Et_2O溶液0.3mL（质量分数约为0.5%）控制水浴温度在27~30℃之间，反应4h，得到黏稠的液体，用100mL甲醇沉淀出聚合物，用布氏漏斗过滤，以甲醇洗涤，抽干，于真空烘箱内干燥后称重，计算产率。

六、思考题

(1) 阳离子聚合反应有什么特点？

(2) 阳离子聚合反应在低温下进行，原因是什么？

(3) 痕量水的存在对本实验有何影响？如何避免水的引入？

实验十四　阴离子聚合制备 SBS 嵌段共聚物

一、实验背景知识介绍

苯乙烯-丁二烯-苯乙烯嵌段共聚物（SBS）是以丁二烯和苯乙烯为单体，采用阴离子聚合制得的嵌段共聚物，外观呈白色爆米花状，质轻多孔，常见的结构有嵌段线性结构和四臂星型结构。SBS 由于其中聚丁二烯具有橡胶弹性，称为软段，而聚苯乙烯具有塑料的性质，称为硬段，这样使其表现出典型的热塑性弹性体的性质。这种结构使 SBS 具有良好的机械性能、耐低温性及独特的抗滑性，因此被广泛应用于鞋材、轮胎、胶黏剂以及沥青改性等领域。

二、实验目的

(1) 掌握阴离子聚合制备嵌段聚合物 SBS 的方法。

(2) 掌握无水无氧操作控制技术。

三、实验原理

阴离子聚合是以带负电荷的离子或离子对为活性中心的一类连锁聚合反应，具有"快引发、慢增长、无终止、无链转移"的活性聚合特点。通常带有吸电子基烯烃类单体有利于阴离子聚合，带有芳环、双键的单体既能发生阴离子聚合，又能发生阳离子聚合。典型聚合机理为：首先，苯乙烯在引发剂（正丁基锂）作用下发生负离子加成反应（链引发），形成负离子末端（活性中心）。活性中心继续与单体加成，生成聚合物链（链增长）。阴离子活性中心继续与活性物质［链终止剂（如水、醇、酸等含活泼氢的化合物）以及 O_2、CO_2 等物质］反应，使负离子活性中心消失，发生链终止反应。若从聚合物反应体系中除去链终止剂，阴离子聚合可以做到无终止、无链转移，从而实现活性聚合。当第一种单体的转化率达到100%后，再加入新的单体，增长反应可以继续进行，从而形成嵌段共聚物。苯乙烯-丁二烯-苯乙烯共聚物（SBS）是利用正丁基锂作为引发剂，以苯乙烯、丁二烯、苯乙烯三步加料法生成的产物，反应方程式如下：

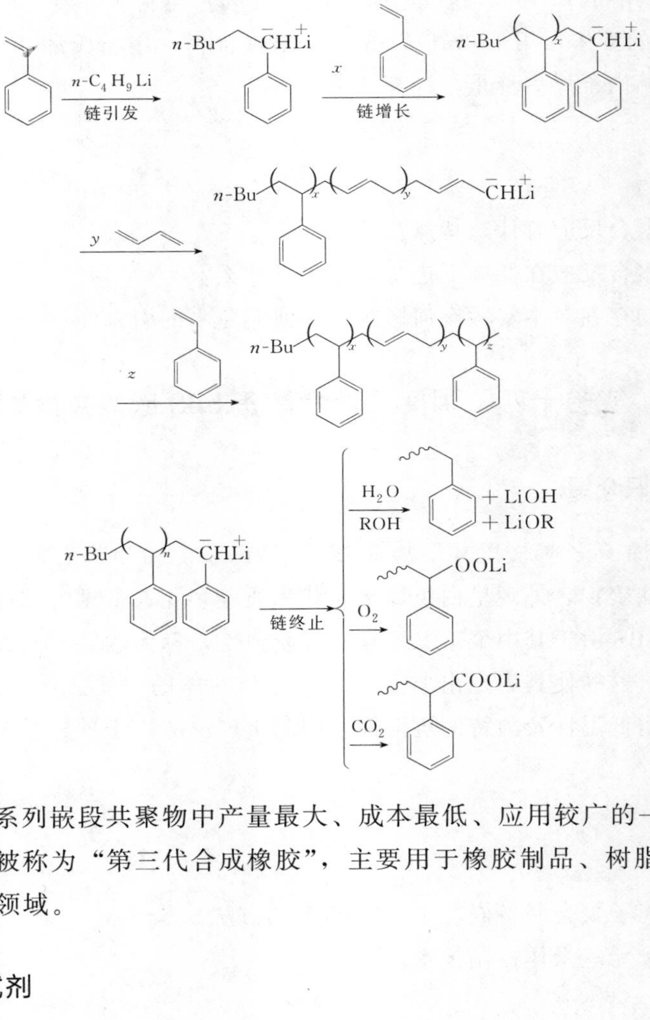

SBS是苯乙烯系列嵌段共聚物中产量最大、成本最低、应用较广的一个品种，兼有塑料和橡胶的特性，被称为"第三代合成橡胶"，主要用于橡胶制品、树脂改性剂、胶黏剂和沥青改性剂四大领域。

四、实验仪器与试剂

1. 仪器

三口烧瓶，滴液漏斗，冷凝管，磨口锥形瓶，玻璃塞，干燥管，干燥橡胶管，磁力加热搅拌器，氮气流干燥系统，双颈圆底烧瓶（500mL、250mL），玻璃注射器，长针头，磨口具活塞玻璃瓶，医用乳胶管，止血钳，聚四氟乙烯软管，油浴锅，带抽气及充气系统的双排管反应器，烘箱，真空干燥箱，低温循环冷水机，烧杯，凝胶色谱仪。

2. 试剂

正氯丁烷（$n\text{-}C_4H_9Cl$），锂，正庚烷，高度氮气（纯度99.99%），苯乙烯（密度0.909g/mL），丁二烯（纯度99.99%、沸点4.4℃），环己烷，2,6-二叔丁基-4-甲基苯酚（抗氧剂264），液体石蜡。

五、实验步骤

实验装置如图 3-14 所示。

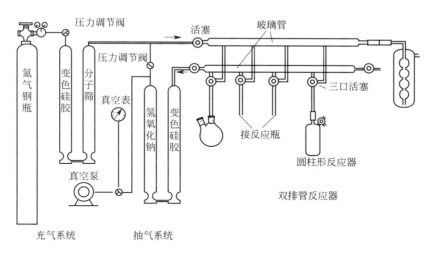

图 3-14 带抽气、充气的双排管反应器

1. 试剂纯化精制与仪器干燥

所用溶剂与试剂应充分干燥，制得无水正庚烷、无水正氯丁烷（$n\text{-}C_4H_9Cl$）。苯乙烯用无水氧化钙干燥数天后减压蒸馏，环己烷用分子筛干燥后蒸馏，使用前后应通氮脱氧。

所有仪器、用具使用前必须仔细洗涤，用蒸馏水反复洗涤多次，然后 100℃ 烘干 8h，冷却后迅速安装好密封连接。双排管反应器抽真空-烘烤-充氮气，反复 3 次以上，密闭待用。取料用注射器使用前用高纯度氮吹扫。

2. 单体配方计算与聚合物聚合度推算

阴离子聚合所制备的聚苯乙烯（PSt）常作为标样使用。聚合物 PSt 的数均分子量（M_n）由单体投料浓度 [M] 和引发剂浓度 [C] 计算：$M_n = [M]/[C]$。

配方设计：反应单体浓度 10%；苯乙烯、丁二烯＝30/70；三嵌段单体质量：苯乙烯∶丁二烯∶苯乙烯＝（S∶B∶S）＝15∶70∶15，分子量＝100000；总投料量：20g；正丁基锂用量：0.2mmol。

按料量计算：第一段苯乙烯加料量 $20 \times 15\% = 3$（g）（分子量：$15\% \times 100000 = 15000$）。第二段丁二烯加料量 $20 \times 70\% = 14$（g）（分子量：$70\% \times 100000 = 70000$）。第三段苯乙烯加料量 $20 \times 15\% = 3$（g）。（分子量：$15\% \times 100000 = 15000$）。活性中心＝3/15000＝14/70000＝0.2（mmol），则正丁基锂加入量为 V（以 mL 计）＝0.2×浓度（mmol/mL）。

3. 正丁基锂（$n\text{-}C_4H_9Li$）的制备

（1）将干净干燥的滴液漏斗、冷凝管与三口烧瓶（250mL）装配于磁力搅拌器（甘油浴或油浴）中，冷凝管出口接一根干燥管，再连一根干燥橡胶管，其另一端浸入小烧杯的液体石蜡中（根据小烧杯中液体石蜡鼓气泡的大小，可以调节氮气的流量）。

（2）三口烧瓶中加入 35mL 无水正庚烷及新剪成小片的 5g 金属锂，油浴加热至约 60℃。通入高纯氮气 10min，搅拌下，用滴液漏斗慢慢加入 30mL 无水正氯丁烷与 16mL 无水正庚烷的混合液，控制滴加速率（放热反应），使庚烷回流不要太快，约 20min 滴加完，此时溶液呈浅蓝色。

（3）将油浴升温至 100~110℃，搅拌回流 2~3h（反应期间，将 N_2 流量调至能在液体石蜡中产生一个接一个的气泡即可。反应后期，产生大量 LiCl 使溶液变乳浊，最后呈灰白色）。反应结束后稍冷，通氮气下将三口烧瓶的三口皆用磨口塞封住。

（4）室温下，静置约 30min 后 LiCl 沉于瓶底，上层浅黄色清液即为丁基锂（n-C_4H_9Li）溶液，轻轻倒入干净干燥的磨口锥形瓶（50mL）中，瓶口用翻口塞密封，计算丁基锂浓度（约 0.34mol/0.05L），放置在干燥器中备用。

4. 嵌段共聚物（SBS）的制备

（1）将双颈圆底烧瓶（500mL）的一口盖好橡胶塞，另一口接入带抽气系统及充气系统的双排管反应器。连续抽空-充氮气 3 次后，用玻璃注射器注入环己烷（50mL）、苯乙烯（3g，3.33mL，0.029mol），摇匀，充氮气使系统成正压。搅拌下，用玻璃注射器向反应瓶内先缓慢注入少量正丁基锂（n-C_4H_9Li），以消除体系中少量杂质，直至略微出现微橘黄色为止。接着加入 0.2mmol 正丁基锂，此时溶液立即出现红色，在 50℃ 油浴中加热 30min，红色不褪，即为活性聚苯乙烯（PSt，分子量预计为 15000 左右）。

（2）另取一个双颈圆底烧瓶（250mL），配上单孔橡胶塞、具活塞玻璃管、医用乳胶管。另一口通过乳胶管接入带抽气系统与充气系统的双排管反应器，按照抽空-充氮气操作，除去瓶中空气。加入 100mL 环己烷，通入丁二烯（纯度 99%），监控反应瓶质量增加 14g（0.26mol 丁二烯）后（必要时在 −5℃ 冰浴中），用玻璃注射器缓慢注入少量正丁基锂以消除杂质（使体系呈微黄色）。然后，用注射器（或聚四氟乙烯软管）将丁二烯溶液加入活性聚苯乙烯溶液中，50℃ 磁力搅拌反应 2h，得到二嵌段共聚物（SB）溶液。

（3）再取一个双颈圆底烧瓶（250mL），按照第（1）步方法，连续抽空-充氮 3 次后，用玻璃注射器注入环己烷（50mL）、苯乙烯（3g，3.33mL，0.029mol），摇匀，充氮气使系统成正压。搅拌下，用玻璃注射器向反应瓶内先缓慢注入少量正丁基锂（n-C_4H_9Li），以消除体系中少量杂质，直至略微出现橘黄色为止。然后，用玻璃注射器（或聚四氟乙烯软管）将该苯乙烯溶液加入上述二嵌段共聚物（SB）溶液中 50℃ 下磁力搅拌反应 30min，得到 SBS 溶液。

聚合完成后，冷却。称取 0.5g 抗氧剂 264，溶于少量环己烷中，加入上述 500mL 反应瓶内，摇匀。将黏稠物质倾倒入盛有 500mL 水的三口烧瓶（1000mL）中，接蒸馏装置，搅拌加热蒸出环己烷与水，待环己烷几乎蒸完，产物呈半固体状态时，停止蒸馏。趁热取出产物并剪碎，用蒸馏水漂洗一次，吸干水分，放在 50℃ 烘箱内烘干，得到三嵌段共聚物（SBS）热塑性弹性体，计算产量。

5. 嵌段共聚物（SBS）的表征与性能

产品 SBS 可用 GPC 测定其分子量与分子量分布，并与预测分子量比较，产品也可进行加工成型和力学性能测定。

六、注意事项

（1）加入丁二烯后注意反应变化，在 50℃ 水浴中发现反应有些发热或略变黏时，应立即取出放在室温中冷却，勿使反应过于剧烈，以致冲破橡胶管。反应剧烈时，切勿把反应瓶放在冷水中冷却，以免反应瓶因骤冷碎裂、爆炸。夏天室温较高时，则加丁二烯后不必放在 50℃ 水浴中，放在室温中时时摇动，待反应缓慢后，再放入 50℃ 水浴中加热。

（2）反应时注意安全防护，在使用丁二烯时室内禁止明火。

七、思考题

（1）用两步法合成 SBS 的路线是什么？

（2）聚合反应中是否会形成均聚物和二嵌段共聚物？为什么？

实验十五　配位聚合制备立构规整聚苯乙烯

一、实验背景知识介绍

聚苯乙烯树脂是一种通用的热塑性高分子材料，用它制得的塑料制品具有透明性好、有光泽、优良的电性能、吸湿性低、表面光洁度高、易成型等优点。

聚苯乙烯是五大合成树脂之一，其性能与应用领域决定于分子量和立构规整性。随着聚苯乙烯分子量增加，其拉伸强度、弯曲强度、冲击强度及耐热性能均有提高。

可结晶的立构规整聚苯乙烯产品主要是通过配位聚合方法制备。等规聚苯乙烯（iPS）结晶速率慢，熔点在 240℃ 左右。间规聚苯乙烯（sPS）的数均分子量通常为 $5 \times 10^4 \sim 1.5 \times 10^5 \mathrm{g \cdot mol^{-1}}$，结晶速率相对快，熔点在 273℃ 左右。间规聚苯乙烯（sPS）具有耐热性好、耐化学性好、密度低、介电常数低等优点，可应用于电气设备、汽车零件以及日用品领域。

二、实验目的

（1）掌握无水低温操作技术及配位聚合反应方法。

（2）了解 Ziegler-Natta 催化剂的组成、性质、催化原理。

三、实验原理

配位聚合是由两种或两种以上组分组成的配位催化剂引发的聚合反应。单体分子首先在过渡金属活性中心的空位处配位，形成 σ-Π 配合物，随后单体分子插入过渡金属-碳键进行链增长，最后形成大分子。配位聚合又称 Ziegler-Natta 聚合、配位聚合、插入聚合、定向聚合、配位阴离子聚合。配位聚合最大的特点是单体在配位过程中具有立体定向性，可形成立构规整的烯烃类聚合物。配位阴离子聚合的立构规整化能力（定向聚合能力）取决于引发剂类型与组成、单体种类和聚合条件。其中，引发剂是影响聚合物立体结构规整性的关键，最常见的是 Ziegler-Natta（Z-N）催化体系，能使 α-烯烃、共轭二烯烃及某些带极性基团的单体在较低压力和温度下进行定向聚合。配位聚合引发剂主要有四种：Z-N 催化剂；π 烯丙基过渡金属型催化剂；烷基锂引发剂；茂金属引发剂（可用于氯乙烯等烯类单体的聚合）。

Ziegler-Natta 催化体系是由"主引发剂"和"共引发剂"组成。主引发剂为过渡金属化合物，如氯化钛（$TiCl_4$、$TiCl_3$）；共引发剂（助催化剂）为主族金属的有机化合物，如烷基铝［$AlEt_3$、$Al(i-Bu)_3$、$AlEt_2Cl$ 等］。其中，Ziegler（德国）用"$TiCl_4$-$AlEt_3$"作引发剂合成了高分子量的高密度聚乙烯（PE）；Natta（意大利）用"$TiCl_3$-$AlEt_3$"作引发剂合成了具有高度规整性的聚丙烯（PP），他们因此获得诺贝尔化学奖。

本实验以四氯化钛（$TiCl_4$）-三异丁基铝［$Al(i-Bu)_3$］为引发剂，进行苯乙烯的定向聚合。

四、实验仪器与试剂

1. 仪器

四口烧瓶（250mL），电动搅拌器，恒压滴液漏斗，注射器（10mL、0.5mL），真空抽排体系，布氏漏斗，抽滤瓶，低温冷却循环泵（干冰-丙酮），索氏提取器。

2. 试剂

苯乙烯，四氯化钛，三异丁基铝，正庚烷，丙酮，甲醇，丙酮溶液（含 2% HCl）。

五、实验步骤

1. 试剂纯化精制与反应器干燥

所用溶剂与试剂需充分干燥。苯乙烯用无水氯化钙干燥数天后减压蒸馏，储存于棕色瓶内。正庚烷用金属钠干燥后蒸馏，精制的正庚烷应置于干燥器中或压入钠丝存放。

所用仪器均经充分干燥，如图 3-14 所示安装好（注意搅拌器的密封），通氮气、抽真空反复三次以除去体系中的空气。

2. 配位聚合制备聚苯乙烯

（1）如图 3-15 所示，在四口烧瓶中通氮气的情况下，用注射器加入 10mL 无水正庚烷及 0.13mL 四氯化钛（$TiCl_4$）（因先加入的四氯化钛溶液量太少，为保证搅拌效果，应当采用新月形搅拌叶片，并尽量接近瓶底）用干冰-丙酮冷浴，将烧瓶内的溶液冷却到 -50℃以下。通过恒压滴液漏斗滴加 1.8mL 三异丁基铝及 50mL 无水正庚烷配成的溶液，约 20min 滴加完毕。

当温度降至 -65℃以下，撤去冷浴，使其自然升温至室温，在室温下搅拌 30min，得到配位聚合催化剂（引发剂）。

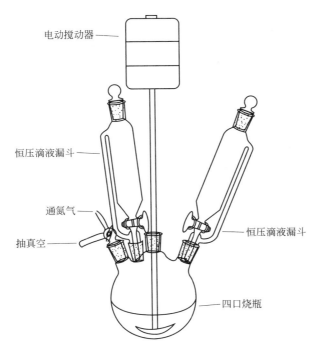

图 3-15　苯乙烯配位聚合实验装置图

（2）在四口烧瓶中，通过另一支恒压滴液漏斗向其中滴加 100mL 苯乙烯，约 30min 滴完，体系迅速变红而且颜色不断加深，最终变为棕色，此时再升温至 50℃并维持 3h。移去热源，关闭氮气，缓慢滴加 70mL 甲醇以分解催化剂，滴加完后继续搅拌 20min，有固体产物生成。

（3）将固体产物用 200mL 含 2% HCl 的丙酮溶液洗涤，然后再用布氏漏斗过滤，滤液浓缩后缓慢倒入甲醇中，析出沉淀。经过滤后，沉淀用蒸馏水洗涤，在 60℃真空干燥箱中烘干，得到的聚苯乙烯进行称量，计算产率。

3. 聚苯乙烯的分析表征

将聚苯乙烯在索氏提取器中用丙酮提取，可以分离出无定形部分，并测得其定向度（立构规整度，即立构规整聚合物占聚合物总量的百分数）。

测定配位聚合法所制备的聚苯乙烯的分子量及分子量分布，并与自由基聚合所制备的聚苯乙烯进行对比分析。

六、思考题

（1）反应体系及使用的试剂为什么要充分干燥？

（2）简述反应物颜色变深原因。为什么要用丙酮-盐酸溶液洗涤聚合液？

（3）配位聚合可制备哪些工业上常见的高分子材料？

3.3 有机硅材料实验

实验一　Karstedt 催化剂的制备

一、实验背景知识介绍

硅氢加成反应是制备有机化合物的重要方法，广泛应用于许多有机硅化合物、聚合物的合成、改性及交联反应。为了硅氢加成反应的顺利进行，需要引入催化剂，铂化合物或铂配合物是硅氢化反应最有效的催化剂，其中最常用的铂催化剂有氯铂酸的异丙醇溶液（Speier 催化剂）和铂-四甲基二乙烯基二硅氧烷配合物（Karstedt 催化剂），后者的催化活性更高，其有效催化硅氢加成反应的用量也相对更少。本实验学习制备铂-四甲基二乙烯基二硅氧烷配合物催化剂。

二、实验目的

（1）了解硅氢加成反应在有机硅化合物合成中的应用，掌握 Karstedt 催化剂制备原理和实验方法。

（2）通过实验过程培养学生提出问题、发现问题和解决问题的能力，进一步激发学生的创新思维与意识。

三、实验原理

制备铂-甲基乙烯基二硅氧烷配合物催化剂：将六水合氯铂酸和四甲基二乙烯基二硅氧烷中的乙烯基发生反应，生成铂与四甲基二乙烯基二硅氧烷的配合物。反应如下：

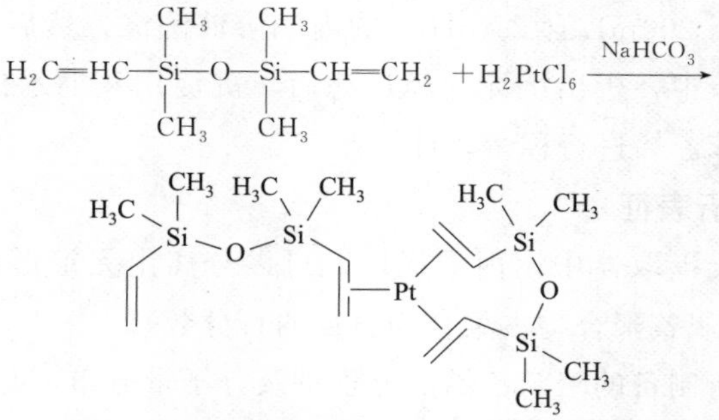

为消除反应物的酸性，在反应体系中加入碳酸氢钠，使氯转化成盐除去，得到的铂配合物是硅氢加成反应高活性催化剂。其催化效率相当高，反应物料 10^{-6} 级质量浓度的铂催化剂就可以达到满意的催化反应速率。

高活性铂催化剂的催化灵敏度高，同时该催化剂对某些化学物质也很敏感。有机硫、磷、氮等化学物品和金属有机酸盐等，都可能致使铂催化剂中毒而降低甚至丧失催化活性。

四、实验仪器与试剂

1. 仪器

三口烧瓶，球形冷凝管，电子天平，带磁力搅拌油浴锅，恒压滴液漏斗，分液漏斗，温度计（200℃），温度计套管，pH 试纸，滤纸，抽滤装置。

2. 试剂

六水合氯铂酸（$H_2PtCl_6 \cdot 6H_2O$）（分析纯），四甲基二乙烯基二硅氧烷（商品名乙烯基双封头），无水乙醇（化学纯），无水氯化钙（化学纯），碳酸氢钠（化学纯），去离子水等。

五、实验步骤

（1）将 1.00g 六水合氯铂酸溶于 500mL 无水乙醇溶液中，量取 10mL 该溶液并称重 30g 乙烯基双封头先后加入到 100mL 三口烧瓶中，安装好分馏装置，置于油浴锅中，于 120℃分馏出乙醇后，改为回流装置，继续回流 1h 后，冷却至室温。

（2）抽滤除去生成物中的黑色固体物（铂黑），再用 20g 四甲基二乙烯二硅氧烷洗涤烧瓶和冲洗滤纸，过滤得到浅黄色酸性滤液，收集于烧杯中。

（3）用浓度约为 10% 的热碳酸氢钠水溶液中和至 pH ≈ 7，将中和后液体转移至 100mL 分液漏斗中，分去水，再用去离子水洗至中性，分去水后，有机层加入 5g 无水氯化钙干燥后过滤，得到 Karstedt 催化剂。

六、注意事项

（1）分馏时注意控制柱顶温度小于 80℃。

（2）分液漏斗使用后清洗干净，剥离塞处夹纸层。

七、思考题

（1）铂催化剂溶液可否用一般塑料瓶包装？

（2）可否用带有一般橡胶头的滴管吸取铂催化剂溶液？为什么？

实验二　SBA-15 介孔分子筛载 Pt 催化剂的制备及表征

一、实验背景知识介绍

硅氢加成反应是在贵金属催化剂的作用下，将 Si—H 键与不饱和化合物中的不饱和键形成 Si—C 键合成有机硅单体和聚合物一种重要方法，因其经济性好，在有机合成中占有重要地位。影响硅氢加成反应核心因素是催化剂，所以催化剂研发一直受到研究者关注。目前，工业生产使用最为广泛的催化剂为 Speier 催化剂和 Karstedt 催化剂，这两种催化剂均为贵金属均相催化剂，难回收，常残留于产品中造成资源浪费和产品污染。非均相催化剂具有易回收、可重复使用等优点，同时适用于连续反应器和微型反应器中。为此，开发非均相催化剂用于有机硅精细化学品合成成为研究热点。介孔分子筛凭其高比表面积和规整有序开放性孔道等特性，在催化领域备受青睐。本研究在前人对 Karstedt 催化剂和 SBA-15 介孔分子筛研究的基础上，通过乙烯基三甲氧基硅烷偶联剂对 SBA-15 介孔分子筛进行修饰，利用乙烯基与 Pt 元素的配位作用，设计合成一种基于乙烯基配合 Pt 单分散介孔催化剂微球，通过多相催化剂实现催化剂的分离、回收和再利用。

二、实验目的

（1）了解介孔材料作为催化剂载体的优点，掌握 SBA-15 介孔材料合成方法。
（2）掌握乙烯基硅氧烷改性 SBA-15 介孔分子筛的原理和实验方法。
（3）掌握乙烯基功能化介孔分子筛负载 Pt 原理和实验方法。

三、实验原理

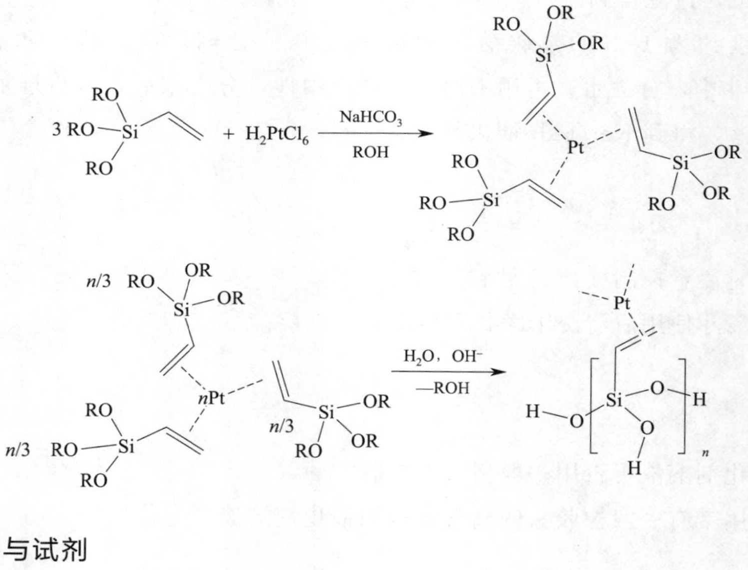

四、实验仪器与试剂

（1）仪器

150mL 三口烧瓶，温度计，温度计套管，油浴锅，冷凝管，尾接管，50mL 圆底烧瓶，磁力搅拌器。

（2）试剂

以正硅酸乙酯（TEOS），P123（$EO_{20}PO_{70}EO_{20}$），HCl 溶液，KCl 固体，氨水，六水合氯铂酸，无水乙醇，无水碳酸钠，乙烯基三乙氧基硅烷，甲苯，去离子水。

五、实验步骤

1. SBA-15 介孔分子筛制备

以正硅酸乙酯（TEOS）为硅源、P123（$EO_{20}PO_{70}EO_{20}$）为模板剂、HCl 为催化剂，量取 100mL 去离子水，按照物质的量比为 $n(TEOS):n(P123):n(KCl):n(HCl):n(H_2O)=1:0.0086:1.48:6.6:170$ 制备 SBA-15 微球。具体实验过程为：按上述比例将 P123 溶解于 HCl 溶液后，加入固体 KCl 搅拌溶解，直至溶液成为透明状态，在超声作用下，将 TEOS 慢慢加入，加入氨水调节 pH 为 9～10，经过滤、洗涤、干燥后，制得 SBA-15 介孔分子筛。

2. SBA-15 介孔分子筛载 Pt 催化剂制备

取 1.0g 六水合氯铂酸溶于 5.0g 无水乙醇，并加入 2.0g 无水碳酸钠和 4.0g 乙烯基三乙氧基硅烷，在 80℃下搅拌，直至反应物由红橙色变为黄色后再继续搅拌 30min，冷却到室温过滤，用无水乙醇洗涤滤饼，将滤液合并，通过蒸馏去除溶剂，剩余物溶解于甲苯中，用等体积水反复洗涤以除去溶液中氯离子。上层甲苯溶液经蒸馏除去溶剂以及过量的乙烯基三乙氧基硅烷，制得棕色油状乙烯基三乙氧基硅烷-铂配合物，即 Karstedt 催化剂。将该催化剂溶解于 200mL 甲苯后，加入 10g 所制备的 SBA-15，在磁力搅拌下回流 1h，经减压蒸馏、干燥后，制得 SBA-15 微球负载 Karstedt 催化剂。

3. 催化剂表征

采用 Bruker 公司 XERTEX70 型 Fourier 变换红外光谱仪（FTIR）对样品红外吸收性能进行表征；采用用荷兰 Philips 公司生产的 X'Pert Pro 型 X 射线衍射仪对样品粉体进行小角 X 射线衍射测试，分析样品介孔结构特征，测试条件为 Cu 靶，Ka 射线，管电压为 40kV，管电流为 30mA，扫描速度为 2°/min，扫描范围在 0.5°～10°；采用美国 Micromeritics Instrument Corporation 公司生产的 TRISTAR II3020 全自动比表面和孔隙分析仪测定样品比表面积及孔径分布。

六、注意事项

P123（$EO_{20}PO_{70}EO_{20}$）为黏稠状物质，称取是用玻璃棒蘸取至烧杯中称。

七、思考题

在 SBA-15 介孔分子筛载 Pt 催化剂制备过程中出现灰色是什么原因？

实验三　辛基三乙氧基硅烷的多相催化合成

一、实验背景知识介绍

均相催化剂 Speier 催化剂和 Karstedt 催化剂均为贵金属均相催化剂，难回收，常残留于产品中，造成资源浪费和产品污染。非均相催化剂具有易回收、可重复使用等优点，同时适合于连续反应器和微型反应器中。长链烷基烷氧基硅烷，因其长链烷基具有低表面张力和疏水性，同时因其具有能与羟基、氨基等官能团反应的烷氧基，使其和无机材料具有很好的键合作用，往往用于无机材料表面改性和修饰，以赋予无机材料低表面张力和良好的疏水性能。本实验通过自制的 SBA-15 介孔分子筛载 Pt 催化剂催化三乙氧基硅烷和1-辛烯反应制备辛基三乙氧基硅烷，并实现催化剂回收再利用。

二、实验目的

（1）了解长链烷基硅烷合成方法及应用，学习掌握多相催化剂制备辛基三乙氧基硅烷实验原理和方法。

（2）进一步熟悉回流、减压蒸馏及抽滤等单元操作。

三、实验原理

$$\diagdown\diagup\diagup\diagup\diagup\diagup\diagup + H-Si(OCH_2CH_3)_3 \xrightarrow{\text{催化剂}} n\text{-}C_8H_{17}Si(OCH_2CH_3)_3$$

四、实验仪器与试剂

1. 仪器

150mL 三口烧瓶，温度计，温度计套管，磁力搅拌器，恒压滴液漏斗，油浴锅，球形冷凝管，减压蒸馏装置，50mL 圆底烧瓶，循环水泵，布氏漏斗，滤纸，电子天平。

2. 试剂

1-辛烯，三乙氧基硅烷，SBA-15 载 Pt 催化剂。

五、实验步骤

称取 0.10g SBA-15 分子筛载 Pt 催化剂和 11.0g 三乙氧基硅烷于三口烧瓶中，安装好回流装置，油浴加热到 90℃，用磁力搅拌器将催化剂搅拌均匀，通过恒压滴液漏斗将 7.5g 1-辛烯缓慢滴加到三口烧瓶中，约 15min 滴加完毕，继续反应 2h，见三口烧瓶壁无明显细流时，停止反应。装置冷却后，通过抽滤回收催化剂，将反应产物倒入到干燥的圆底烧瓶中进行减压蒸馏，控制油浴温度为 150℃，真空度为 0.095MPa，分离出未反应的低沸物后，将剩余产物称重计算产率。

六、注意事项

减压蒸馏时注意观察真空度是否达到 0.095MPa，如未达到可将玻璃磨口用四氟乙烯胶带包裹使磨口接触紧密。

七、思考题

1. 1-辛烯为何要采用滴加方式加入到三口烧瓶中？

实验四 α,ω-二乙烯基聚二甲基硅氧烷的制备

一、实验背景知识介绍

α,ω-二乙烯基聚二甲基硅氧烷主要用于加成型硅橡胶的基础胶，其在催化剂作用下，基础硅橡胶高分子链端的硅-乙烯基与交联剂含氢硅油的硅-氢基之间通过硅氢加成反应，实现固化交联。加成型硅橡胶的固化交联过程几乎没有低分子物放出，硫化过程中硅橡胶体积基本不收缩，并且可以深层硫化。由于加成型硅橡胶具备上述优点，使得它得以广泛应用，成为产销量增长速度最快的一类有机硅材料。

加成型硅橡胶的基础胶是 α,ω-二乙烯基聚二甲基硅氧烷，通常称之为乙烯基硅油。用于液体硅橡胶的基础聚合物大多是中等黏度的乙烯基硅油。

二、实验目的

（1）通过实验操作，进一步加深理解开环聚合法及碱催化平衡法制备聚有机硅氧烷原理和操作方法。

（2）掌握催化平衡反应机理及催化开环聚合平衡反应的操作要点。

三、实验原理

通过催化平衡法，以四甲基氢氧化铵作为阴离子催化剂，催化八甲基环四硅氧烷（D_4）开环聚合，用四甲基二乙烯基二硅氧烷作封头剂，合成 α,ω-二乙烯基聚二甲基硅氧烷。

为了提高四甲基氢氧化铵的催化效率，同时避免羟基封端有机硅聚合物的生成，应将四甲基氢氧化铵预先制成硅醇盐，即先将四甲基氢氧化铵加热溶于二甲基硅氧烷环体，并脱除水，制成四甲基氢氧化铵硅醇盐。它和 D_4、封头剂亲和互溶，从而大大提高开环聚合和平衡反应催化效率。

四甲基氢氧化铵属暂时性催化剂，在催化开环完成后，可以通过加热将其分解为甲醇和三甲胺，将催化剂以气体形式从体系中排出。

四、实验仪器与试剂

1. 仪器

三口烧瓶，蒸馏头，直形冷凝管，球形冷凝管，真空尾接管，接收瓶，控温加热系统

（包括电热套、温度计等），搅拌系统（包括电动搅拌机、玻璃搅拌器、搅拌器套管等），真空系统（包括旋片式真空泵连同安全缓冲瓶等）。

2. 试剂

八甲基环四硅氧烷（D_4 工业品），四甲基二乙烯基二硅氧烷（工业品），四甲基氢氧化铵（特定试剂，预先制成 1.5% 的四甲基氢氧化铵硅醇盐），氮气等。

五、实验步骤

1. 回流与脱水

开启电动搅拌器，用电热套加热，当内温升至 50℃时，开启真空系统，缓慢提高真空度至 0.075MPa 减压脱水。要达到平稳脱除 D_4 中的微量水分的目的，同时确保蒸出的物料尽量少。具体操作方法如下：在 500mL 三口烧瓶中加入 300g D_4，通过调节电热套加热电压控制物料温度至 70~80℃，通过调节抽气速率控制真空度，使蒸馏出液的速度呈间断的液滴状（馏出液不要成连线的液流）。通常脱水操作在约 30min 内完成，蒸馏出的液体的量以不超过 D_4 加料总质量的 5% 为宜。

向已经脱过水的 200g D_4 中加入四甲基二乙烯基二硅氧烷（封头剂）1.4g，开动搅拌，待物料搅拌均匀后，加入 1.5% 的四甲基氢氧化铵硅醇盐 3.0g，继续加热，升高物料温度并维持在 105~115℃，连续搅拌 4h，进行聚合平衡反应。

2. 破媒（分解催化剂）

当聚合平衡反应完成后，取下球形冷凝管，使三口烧瓶通畅放空，继续搅拌，提高电热套加热强度，加热物料快速升温到 170℃以上，分解催化剂四甲基氢氧化铵。用水润湿的 pH 试纸检测三口烧瓶放空口上有无三甲胺（三甲胺对 pH 试纸呈碱性反应），以确定催化剂四甲基氢氧化铵是否完全分解，直至 pH 试纸不变色，停止反应。

3. 脱低分子物

将反应装置改装成减压蒸馏脱低分子装置，继续加热、搅拌，维持物料温度在 170~190℃，减压脱出低分子物。要缓慢提升真空度以防止冲料。维持此温度，直至真空度高于 0.095MPa，冷凝管下口不见有馏出物滴出为止。随后降温、放空、冷却、出料。

六、注意事项

（1）四甲基氢氧化铵易吸水，使用过程中注意保持干燥，防止其吸收空气中的水。
（2）注意加料的顺序，应将脱水后 D_4 与乙烯基双封头混合均匀后，再加入催化剂。

七、思考题

在合成 α,ω-二乙烯基聚二甲基硅氧烷的操作过程中，可否向脱过水、并且温度较高的 D_4 中，先加入四甲基氢氧化铵硅醇盐搅拌均匀，然后再加四甲基二乙烯基二硅氧烷？

为什么？

实验五　基于酸性白土催化平衡法制备含氢硅油

一、实验背景知识介绍

甲基含氢硅油是含有-MeHSiO-链节的有机硅聚合物，甲基含氢硅油主要用作防水剂、固体填料表面改性处理剂、加成型硅橡胶交联剂等。本实验以八甲基环四硅氧烷（D_4）和四甲基环四硅氧烷（D_4^H）及六甲基二硅氧烷为原料，通过固体酸酸性白土催化平衡法制备甲基含氢硅油，实现催化剂回收再利用。

二、实验目的

掌握酸性白土催化平衡法制备含氢硅油的基本原理和操作要点。

三、实验原理

以自制固体酸为催化剂，催化八甲基环四硅氧烷（D_4）和四甲基环四硅氧烷（D_4^H）环体开环聚合，用六甲基二硅氧烷作封头剂，合成甲基含氢硅油。

四、实验仪器与试剂

1. 仪器

250mL 三口烧瓶，电动搅拌器，温度计，蒸馏头，球形冷凝管，真空尾接管和接收瓶，油浴锅。

2. 试剂

八甲基环四硅氧烷（D_4），四甲基环四硅氧烷（D_4^H），六甲基二硅氧烷，固体酸催化剂（酸性白土），3mol/L HCl 溶液。

五、实验步骤

1. 酸性白土的制备

将 100g 白土加入到 1.2L 浓度为 3mol/L 的 HCl 溶液中，于 70℃下搅拌 2h 后，经过滤、干燥（110℃处理 12h），得到酸性白土。

2. 碱催化平衡

在 250mL 三口烧瓶中加入已经脱过水的 150g D_4、30g D_4^H 和 3.0g 六甲基二硅氧烷

（封头剂）。开动搅拌器，待物料搅拌均匀后，加入固体酸催化剂 2.0g，安装好回流装置，用油浴加热，升高物料温度并维持在 70℃，连续搅拌 3h，进行聚合平衡反应。

3. 过滤

用抽滤方式将固体催化剂与甲基含氢硅油分离，催化剂回收至给定的烧杯中。

4. 脱低分子物

将反应得到的甲基含氢硅油加入到减压蒸馏脱低分子装置中，继续加热、搅拌，维持物料温度在 140℃，减压脱出低分子物。过程中要缓慢提升真空度以防止冲料。维持此温度，直至真空度高于 0.092MPa 冷凝管下口不见有馏出物滴出为止。在降温、放空、冷却、出料称重等操作后，测定含氢硅油黏度。

六、注意事项

电动搅拌器安装时，搅拌棒与电机下端可用橡胶管连接，搅拌棒要竖直位于瓶口中央，搅拌桨不能接触瓶壁，电机开动时装置不能晃动。

七、思考题

（1）根据反应式，计算所制备的甲基含氢硅油中氢的理论质量分数。

（2）该反应中能否将固体酸催化剂换成 KOH 或 $N(CH_3)_4OH$ 催化剂？为什么？

实验六　乙烯基硅树脂微球的制备与表征

一、实验背景知识介绍

有机硅树脂是含碳量较低的一类硅树脂，这类树脂结构较为松散，其对有机材料的亲和性大大提高，易加热流动，易溶于有机溶剂，从而加工使用较为方便。有机硅树脂具有优异的电绝缘性、抗氧化性、耐高温性和耐水性，广泛应用于绝缘漆、涂料、云母板胶黏剂、脱模剂、层压塑料等领域，且有机硅树脂因其具有高透光率和低内应力以及热氧化稳定性而广泛用于 LED 灯的封装材料。例如 $2\mu m$ 的聚有机硅树脂常作为光扩散剂用于 LED 光源。乙烯基硅树脂微球除了具有普通硅树脂优良的电绝缘性和耐水性外，其乙烯基赋予硅树脂特殊的反应活性，能与 Si—H 进行硅氢加成制备出系列功能硅树脂微球，可用于硅橡胶补强剂及催化剂载体等领域。

二、实验目的

（1）掌握乙烯基硅树脂微球制备原理和操作方法。

（2）掌握 SEM 对乙烯基硅树脂微球形貌进行表征的方法。

（3）掌握 FTIR 对乙烯基微球官能团进行表征和解析的方法。

三、实验原理

$$\underset{\underset{OCH_3}{|}}{\overset{\overset{CH=CH_2}{|}}{H_3CO-Si-OCH_3}} + H_2O \xrightarrow[C_2H_5OH]{H^+} \underset{\underset{OH}{|}}{\overset{\overset{CH=CH_2}{|}}{HO-Si-OH}} \xrightarrow[C_2H_5OH]{OH^-} HO\underset{\underset{O}{|}}{\overset{\overset{CH=CH_2}{|}}{\left[-Si-\right]}}_n OH$$

四、实验仪器与试剂

1. 仪器

150mL 三口烧瓶，水浴锅，量筒，布氏漏斗，抽滤瓶，循环水泵，滤纸，电子秤，温度计，温度计套管。

2. 试剂

无水乙醇，乙烯基三甲氧基硅烷（化学纯），28％氨水（质量分数，分析纯），去离子水。

五、实验步骤

1. 乙烯基硅树脂的合成

取 20mL 无水乙醇、100mL 去离子水和 10g 乙烯基三甲氧基硅烷于三口烧瓶中，将其放入 30℃水浴锅中，搅拌 30min，再使用氨水调节 pH，使 pH 至 9～10，将水浴锅温度调至 60℃反应 2h。

2. 过滤、洗涤和干燥

用布氏漏斗将反应生成的沉淀进行抽滤、洗涤至 pH＝7，经烘箱干燥后得到聚乙烯基硅氧烷白色粉体，称重、计算产率。

3. 样品表征

将少许样品涂覆在贴有导电胶的样品台上，采用扫描电子显微镜（Scanning Electron Microscope，SEM）对聚乙烯基硅氧烷微球形貌进行表征，加速电压为 20.00kV。

采用傅里叶红外光谱仪（Fourier Transform infrared spectroscopy，FTIR）对聚乙烯二氧化硅微球的主要官能团红外吸收性质及组成进行表征。将少许样品与溴化钾一起研磨均匀后，置于磨具中，采用制样机压成薄片用于检测。

六、注意事项

乙烯基硅树脂微球在空气中容易燃烧，干燥时温度不要超过 80℃。

七、思考题

对乙烯基硅树脂微球 FTIR 图谱主要吸收峰进行解析，见图 3-16。

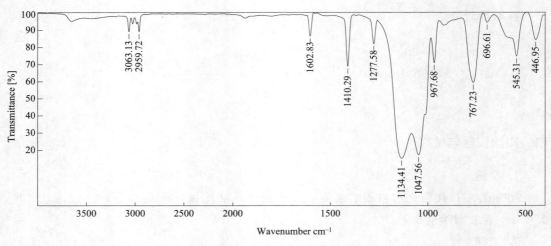

图 3-16　乙烯基硅树脂微球 FTIR 图谱

3.4　磁性和能源材料实验

实验一　共沉淀法制备纳米 Fe_3O_4 粒子

一、实验背景知识介绍

磁性纳米材料作为一种新型的功能材料，因其同时兼具纳米材料的独特效应、磁响应性和生物亲和性等特点，受到人们的广泛关注。在众多的磁性纳米材料中，Fe_3O_4 纳米粒子由于其低毒性、固有的生物相容性、高饱和磁化强度和临界尺寸下的室温超顺磁性等优点，在催化剂、磁流体、靶向药物输送、疾病的诊断和治疗等诸多方面具有突出的应用价值。

共沉淀法是制备磁性纳米 Fe_3O_4 材料常见方法之一，该法是指在有多种阳离子的溶液中加入一种沉淀剂，当发生沉淀反应后，可得到成分均一的沉淀，据此来合成 Fe_3O_4 纳米磁性材料。具体方法为：以含有一定物质的量比的 Fe^{2+} 和 Fe^{3+} 的混合溶液为反应液，用无机碱作为沉淀剂，将混合溶液中的 Fe^{2+} 和 Fe^{3+} 共沉淀出来，并将其转化为 Fe_3O_4，经处理得到磁性纳米 Fe_3O_4 材料。

二、实验目的

了解共沉淀法制备 Fe_3O_4 磁流体的原理和实验方法，通过实验过程培养学生提出问题、发现问题和解决问题的能力，进一步激发学生的创新思维与意识。

三、实验原理

将二价铁盐（$FeSO_4 \cdot 7H_2O$）和三价铁盐（$FeCl_3 \cdot 6H_2O$）按一定比例混合，加入

沉淀剂（$NH_3 \cdot H_2O$）搅拌反应一段时间即得到纳米 Fe_3O_4 粒子，反应式为：

$$Fe^{2+} + 2Fe^{3+} + 8NH_3 \cdot H_2O \xrightarrow{\quad\quad} Fe_3O_4 \downarrow + 8NH_4^+ + 4H_2O$$

由反应式可看出，反应的理论物质的量比为 Fe^{2+}：$Fe^{3+} = 1 : 2$，但由于二价铁离子容易氧化成三价铁离子，所以实际反应中二价铁离子应适当过量。

四、实验仪器与试剂

1. 仪器

机械搅拌器，冷凝管，橡胶管，三口烧瓶（100mL），电子天平，磁铁，pH 试纸，恒压滴液漏斗（25mL），烧杯（100mL）。

2. 试剂

$FeSO_4 \cdot 7H_2O$，$FeCl_3 \cdot 6H_2O$，浓氨水，去离子水，氮气。

五、实验步骤

（1）称取 4.3g $FeCl_3 \cdot 6H_2O$、2.2g $FeSO_4 \cdot 7H_2O$ 和 27mL 去离子水于 100mL 三口烧瓶（图 3-17）中，300r/min 下搅拌溶解，通氮气 30min。

（2）调整转速至 800r/min，滴加氨水（6mL 浓氨水稀释至 20mL），升温至 90℃，保温 3h 后，停止反应。

（3）磁分离出 Fe_3O_4 纳米粒子，并用去离子水洗至中性。

（4）材料表征分析：将纳米粒子进行 TEM、DLS（动态光散射）和 XRD 等表征。

（5）实验结果记录与分析：产品形状、颜色及收率等。

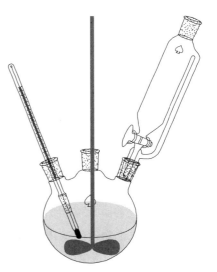

图 3-17 共沉淀法制备纳米
Fe_3O_4 粒子实验装置

六、注意事项

（1）反应体系中尽可能除去氧气，保护二价铁不被氧化。

（2）氨水滴加速度不能太快。

七、思考题

（1）怎样判断产品是不是纳米粒子？

（2）反应过程为什么要通氮气？

实验二　反相胶束法制备磁性纳米 Fe_3O_4 粒子

一、实验背景知识介绍

磁性纳米材料不仅具有纳米材料的优点，更因为磁性的特点，使其在外界磁场上可以被快速回收，因此它常被用作载体。磁性纳米材料是目前被广泛研究的一类材料，磁性成分主要由铁、钴、镍或它们的氧化物以及合金构成。然而由于钴、镍的价格较高，而且它们的氧化物有毒性，在生物医药等领域的应用受到严格地控制。因此，以低毒、稳定、廉价易得的 Fe_3O_4 作为其中的磁性组分被研究最多。

共沉淀法是制备磁性纳米 Fe_3O_4 材料常见方法之一，但是该方法较难控制纳米粒子的粒径均一性。反相胶束法常被用来制备粒径均一的纳米颗粒。具体方法为：在表面活性剂存在下，将 Fe^{2+} 和 Fe^{3+} 的混合水溶液以液滴的形式分散到油相中，用水合肼溶液作为沉淀剂，将混合溶液中的铁盐溶液沉淀出来，并将其转化为 Fe_3O_4，经后处理得到磁性纳米 Fe_3O_4 材料。

二、实验目的

（1）了解反相胶束法制备 Fe_3O_4 磁流体的原理和实验方法。

（2）理解制备均一纳米材料的关键因素。

三、实验原理

含有二价铁盐（$FeCl_2 \cdot 4H_2O$）和三价铁盐 $[Fe(NO_3)_3 \cdot 9H_2O]$ 溶液的水相液滴被表面活性剂分子包围并稳定存在连续的有机溶剂中，形成高度分散且均匀的纳米级反应器（粒径大小为 $1\sim50nm$），将体系升温并在溶剂回流的条件下，在反应液中加入水合肼溶液一步法合成单分散的 Fe_3O_4 纳米粒子，反应式为：

$$Fe^{2+} + 2Fe^{3+} + 2N_2H_4 \cdot H_2O + 8OH^- \Longrightarrow Fe_3O_4 \downarrow + 2N_2 \uparrow + 10H_2O$$

反应的理论物质的量比为 $Fe^{2+} : Fe^{3+} = 1 : 2$，由于二价铁离子容易氧化成三价铁离子，实际反应中二价铁离子应适当过量。

油包水微乳液的液滴尺寸可通过表面活性剂与水的比例来调控。完成反应后，加入乙醇将体系破乳，经过离心或磁场作用即可得到磁性纳米颗粒。

四、实验仪器与试剂

1. 仪器

机械搅拌器，冷凝管，橡胶管，三口烧瓶（250mL），电子天平，磁铁，pH试纸，恒压滴液漏斗（25mL），烧杯（100mL），超声波清洗器。

2. 试剂

$FeCl_2 \cdot 4H_2O$，$Fe(NO_3)_3 \cdot 9H_2O$，水合肼，乙醇，十二烷基苯磺酸钠（SDBS），二甲苯，去离子水，氮气。

五、实验步骤

（1）将 5.3g 十二烷基苯磺酸钠（SDBS）和 45mL 二甲苯加入到 250mL 三口烧瓶中，超声分散后得到澄清透明溶液。

（2）将配制好的铁盐溶液 $[FeCl_2 \cdot 4H_2O（0.59g），Fe(NO_3)_3 \cdot 9H_2O（2.42g）$ 和 $H_2O（3mL）]$ 在机械搅拌（400r/min）下逐滴加入到十二烷基苯磺酸钠的二甲苯溶液中，向乳液体系中通入 N_2 并搅拌 4h。

（3）将 3mL 34% 水合肼溶液（质量分数）缓慢注射到三口烧瓶中，90℃下反应 3h。

（4）反应结束后，用乙醇破乳并用磁铁回收产物，使用乙醇和去离子水反复洗涤以除去表面活性剂 SDBS。最后，经冷冻干燥后得到黑色的 Fe_3O_4 纳米粒子。

六、注意事项

（1）控制机械搅拌速率使铁盐溶液形成稳定均一的油包水乳液。

（2）水合肼注射速度不能太快。

七、思考题

（1）为什么不能通过抽滤分离出纳米粒子？

（2）水合肼注射速度为什么不能太快？

实验三　一锅法制备二氧化硅包覆的 Fe_3O_4 纳米材料

一、实验背景知识介绍

Fe_3O_4 纳米粒子具备磁性粒子和纳米粒子的双重优势，在催化剂、靶向药物载体、生物分离、核磁共振成像、磁热疗等领域具有广阔的应用前景。良好的分散性、化学稳定性及生物相容性是纳米粒子在各种应用场合的前提和基础。目前大多数合成得到的纳米粒子在疏水性有机溶剂能够很好分散。然而，它们在水中则难以稳定分散。二氧化硅具有很好的亲水性，将其在 Fe_3O_4 磁性纳米粒子外进行包覆，能大大增加 Fe_3O_4 磁性纳米粒子的生物相容性；由于二氧化硅表面含有较多羟基，包覆后的纳米粒子也易于进一步修饰以及功能化。

一锅法制备二氧化硅包覆的 Fe_3O_4 纳米材料具有快捷简便、重复性好的特点。具体方法为：在表面活性剂存在下，将 Fe^{2+} 和 Fe^{3+} 的混合水溶液以液滴的形式分散到油相中，先后在体系中滴加氨水溶液和正硅酸乙酯（TEOS），经反应及后处理得到二氧化硅

包覆的 Fe_3O_4 纳米材料（$Fe_3O_4@SiO_2$）。

二、实验目的

了解一锅法制备 $Fe_3O_4@SiO_2$ 的原理和实验方法，通过实验过程培养学生的观察能力与思考问题的能力。

三、实验原理

以含有铁盐（Fe^{2+} 和 Fe^{3+}）溶液的水相液滴为分散相，以有机溶剂为连续相，使用表面活性剂分子稳定油包水乳液并稳定形成高度分散且均匀的纳米级反应器（粒径大小为 $1\sim50nm$）。先后在体系中加入水合肼溶液和 TEOS，一步法合成 $Fe_3O_4@SiO_2$ 纳米粒子。

$Fe_3O_4@SiO_2$ 纳米粒子中 Fe_3O_4 核的大小以及 SiO_2 壳层的厚度可分别通过水与表面活性剂的比例和 TEOS 的添加量来调控。

四、实验仪器与试剂

1. 仪器

机械搅拌器，冷凝管，橡胶管，三口烧瓶（250mL），电子天平，磁铁，pH 试纸，恒压滴液漏斗（25mL），烧杯（100mL），超声波清洗器。

2. 试剂

$FeCl_2 \cdot 4H_2O$，$Fe(NO_3)_3 \cdot 9H_2O$，34％水合肼溶液（质量分数），十二烷基苯磺酸钠（SDBS）、二甲苯、硅酸四乙酯（TEOS），乙醇，氮气，去离子水。

五、实验步骤

（1）在 250mL 三口烧瓶中先后加入 5.3g 十二烷基苯磺酸钠（SDBS）和 45mL 二甲苯，利用超声波将其分散至澄清透明溶液。

（2）将事先配制好的铁盐溶液（$FeCl_2 \cdot 4H_2O$（0.59g），$Fe(NO_3)_3 \cdot 9H_2O$（2.42g）和 H_2O（3mL））在机械搅拌（400r/min）下逐滴加入到十二烷基苯磺酸钠的二甲苯溶液中，向乳液体系中通 N_2 并搅拌 4h。

（3）将 3mL 34％水合肼溶液缓慢注射到三口烧瓶中，90℃下反应 3h。

（4）将反应液冷却至 40℃，把 6mL TEOS 加入到反应液中水解 24h。

（5）反应结束后，用乙醇破乳并用磁铁回收，使用乙醇和去离子水反复洗涤以除去表面活性剂。最后，经冷冻干燥后得到 $Fe_3O_4@SiO_2$。

六、注意事项

（1）铁盐溶液滴加速率不能过快。

（2）通氮气时间不能太短。

七、思考题

（1）磁性纳米粒子 $Fe_3O_4@SiO_2$ 的磁响应速率与什么因素有关？

（2）为什么加入 TEOS 水解时需要降低反应体系温度？

实验四　磁性壳聚糖复合微球的制备

一、实验背景知识介绍

壳聚糖（CS）是一种经甲壳素脱乙酰化制得的碱性多糖，是地球上来源最广泛的生物材料之一。由于壳聚糖分子中含有大量的氨基和羟基，能与多种重金属离子，如铜、铬、铅、汞等结合形成稳定的螯合物，因而对这些重金属离子具有良好的吸附能力，从而使其成为重金属吸附剂的重要备选材料。近年来，磁性壳聚糖成为了研究热点。由于磁性壳聚糖同时具有磁性和壳聚糖的吸附性，因而在对重金属离子进行吸附后，可经磁分离技术实现高效固液分离。同时，磁性壳聚糖还在靶向药物输送、催化剂载体等领域具有重要应用前景。

目前，磁性壳聚糖的合成多以化学合成的纳米 Fe_3O_4 作为磁核，然后将壳聚糖复合在磁核表面。本实验采用反向乳液交联法制备磁性壳聚糖。具体方法为：先将磁性 Fe_3O_4 加入到壳聚糖乙酸溶液里，再加入含有非离子表面活性剂的低极性溶剂，将混合液高速剪切进行乳化得到油包水乳液；将戊二醛交联剂滴加到乳液中进行交联后得到磁性壳聚糖 $Fe_3O_4@CS$。

二、实验目的

了解反相乳液交联法制备 $Fe_3O_4@CS$ 的原理和实验方法，通过实验过程培养学生提出问题、发现问题和解决问题的能力，进一步激发学生的创新思维与意识。

三、实验原理

将含有 Fe_3O_4 磁核和壳聚糖的乙酸溶液作为水相，将其以液滴的形式被表面活性剂分子包围并稳定存在于连续的有机相中。然后在乳液中加入交联剂，得到磁性壳聚糖 $Fe_3O_4@CS$。

四、实验仪器与试剂

1. 仪器

机械搅拌器，球形冷凝管，橡胶管，三口烧瓶（250mL），电子天平，磁铁，pH 试纸，恒压滴液漏斗（25mL），烧杯（100mL），高速搅拌机。

2. 试剂

壳聚糖，醋酸溶液，Fe_3O_4，司盘 80，石蜡，戊二醛溶液，石油醚、丙酮。

五、实验步骤

（1）将 2g 壳聚糖溶于 20mL 的 2％醋酸水溶液（体积分数）中，充分搅拌溶解后超声处理以消除气泡。

（2）取 0.6g Fe_3O_4 加入到壳聚糖溶液中，电动搅拌 20min。

（3）将 100mL 含 3％司盘 80 的石蜡混合液在搅拌状态下逐滴加入，经 1000r/min 高速搅拌形成乳化体系，持续搅拌 30min。

（4）水浴加热至 50℃，然后加入 1.2mL 戊二醛溶液，恒温交联反应 2h。

（5）加氨水调节 pH＝10，继续搅拌 1h 结束反应。依次用石油醚、丙酮、去离子水洗涤数次，用永磁铁分离固体物即获得 Fe_3O_4@CS 微球吸附剂。

六、注意事项

（1）机械搅拌速率太低会使得 Fe_3O_4 难以均匀分散于壳聚糖溶液中。

（2）戊二醛的添加量不能太多。

七、思考题

（1）怎样才能让 Fe_3O_4 均匀分散在壳聚糖里面？

（2）影响 Fe_3O_4@CS 磁响应速率的因素有哪些？

实验五　石墨烯基磁性复合材料的制备

一、实验背景知识介绍

石墨烯是一种新型碳纳米材料，由 sp^2 杂化的碳原子构成二维网状结构，具有优良的光电性能、机械性能、较大的比表面积、较强的吸附性、良好的热稳定性等特性。磁性纳米粒子兼具磁性和纳米的特性，具有小尺寸效应、超顺磁性、生物相容性和表面效应等特点，但磁性纳米粒子容易发生团聚，造成超顺磁性损失。近年来，有不少学者将石墨烯和磁性纳米粒子复合起来，以得到性能更好的磁性复合材料，应用于更广泛的领域。

磁性石墨烯基复合材料的功能性比单独的石墨烯或磁性粒子的性能都要好，能弥补二者各自的不足。一般而言，磁性粒子能改善石墨烯在水中的分散性；石墨烯巨大的表面积可以负载大量磁性纳米颗粒，阻止其团聚，同时赋予磁性粒子新的性能。磁性石墨烯基纳米材料 Fe_3O_4@GO 在环境净化、生物及临床医学、微波吸收、锂离子电池等领域具有良好的应用潜能。

二、实验目的

（1）了解 $Fe_3O_4@GO$ 的结构特点。

（2）了解利用化学沉淀法制备 $Fe_3O_4@GO$ 的原理和实验方法。

三、实验原理

采用化学共沉淀法制备 $Fe_3O_4@GO$。将二价铁盐（$FeSO_4 \cdot 7H_2O$）和三价铁盐（$FeCl_3 \cdot 6H_2O$）按一定比例混合配制成溶液 A。将氧化石墨烯（GO）超声分散到水中配制成溶液 B。将 A 和 B 溶液混合后加入沉淀剂（$NH_3 \cdot H_2O$）搅拌反应一段时间即得到 $Fe_3O_4@GO$ 材料。

四、实验仪器与试剂

1. 仪器

机械搅拌器，球形冷凝管，橡胶管，四口圆底烧瓶（250mL），电子天平，磁铁，pH 试纸，恒压滴液漏斗（25mL），烧杯（100mL），超声波清洗器、离心机、烘箱。

2. 试剂

$FeCl_3 \cdot 6H_2O$，$FeSO_4 \cdot 7H_2O$，氧化石墨烯（GO），30% 氨水溶液，无水乙醇，去离子水。

五、实验步骤

（1）分别取 2.4g $FeCl_3 \cdot 6H_2O$ 和 1.2g $FeSO_4 \cdot 7H_2O$ 加入到 100mL 去离子水中，超声溶解后得溶液 A。

（2）取 0.3g GO 加入到 100mL 去离子水中，超声处理 4h，得溶液 B。

（3）将以上 2 种溶液进行混合，加入 30% 氨水，将溶液 pH 调整为 9~10，置于水浴锅中加热到 90℃。

（4）搅拌混合物至颜色完全变黑，将其从水浴锅中取出，自然冷却到室温，置于离心机中离心 5min（10000r/min），得到黑色固体。

（5）用去离子水和无水乙醇洗涤数次至混合物上清液的 pH 为 7 左右，再将黑色固体置于 70℃ 的干燥箱中烘干，即可制得 Fe_3O_4/GO。

六、注意事项

（1）GO 的超声分散时间要足够。

（2）严格控制反应液的 pH。

七、思考题

（1）怎样判断 GO 是否均匀分散在水中？

（2）滴加氨水时，pH 越大越好吗？为什么？

一、实验背景知识介绍

随着社会经济的发展，人们对能源的需求越来越高，一些不可再生资源日渐枯竭，生态环境问题制约了人类的生存和发展。因此，发展绿色清洁的可持续储能技术刻不容缓。锂离子电池因其工作电压高、循环寿命长、能量密度大、无污染、无记忆效应等优点被广泛应用于电动汽车、国家电网和便携式电子产品等多个领域。负极材料是决定锂离子电池综合性能的重要组成之一，目前，商业化的石墨在锂离子电池负极材料中应用最为广泛，然而其理论容量只有 372mAh/g，不能满足人们的需求。因此，寻找新型高性能负极材料成为快速发展锂离子电池的首要任务。

商业化石墨作为锂离子电池（LIBs）应用最广泛的负极材料，有着放电平台低，易产生锂枝晶等缺点，另外在循环过程中，石墨结构易塌陷，导致容量严重衰减以及储能寿命大幅度缩短。生物质碳作为一种常见且廉价的环保材料，其优良的导电性能、多孔结构、高比表面积和可再生等优点被许多研究者所关注。

二、实验目的

（1）了解管式炉的操作过程。
（2）理解高温热解法制备竹笋衍生生物质炭的实验方法与原理。

三、实验原理

炭负极储锂原理：

$$C + x\,Li^+ + x\,e^- \longrightarrow Li_x C$$
$$Li_x C \longrightarrow C + x\,Li^+ + x\,e^-$$

四、实验仪器与试剂

1. 仪器

烧杯，磁力搅拌器，电子天平，管式炉，离心机，网状头，垫片，弹簧片，平面盖，聚丙烯多孔隔膜，鼓风干燥箱，打浆机，新威电池测试系统。

2. 试剂

竹笋，氢氧化钾，1mol/L 盐酸，乙炔黑，2.5% 聚偏二氟乙烯（PVDF），1-甲基-2-吡咯烷酮（NMP），锂片，1mol/L LiF_6 电解液，去离子水。

五、实验步骤

（1）将竹笋去皮，用水冲洗干净，置于 80℃ 的鼓风干燥箱中，烘干至完全干燥。

（2）将干燥的竹笋放入管式炉，在氩气保护下以 2℃/min 的升温速度下至 400℃，并保温 2h，炭化后冷却至室温研磨粉碎，即得到竹笋生物质炭。

（3）称取竹笋生物质炭与 KOH（质量比为 1:1）并混合均匀后，置于管式炉中，在氩气保护下以 2°/min 的升温速度升至 700℃煅烧 2h，得到活性竹笋生物质炭。

（4）将上述样品置于 1mol/L 盐酸溶液中，室温下磁力搅拌 2h。然后再用去离子水离心 5 次，置于 60℃ 的鼓风干燥箱中烘至完全干燥，最终得到改性竹笋衍生的多孔生物炭。

（5）将负极材料多孔生物质炭、2.5% 的 PVDF 溶液、乙炔黑按 8:1:1 的质量比混合在 NMP 溶剂中，并在打浆机中分散 5min 至得到均匀的浆液。把浆液均匀地涂抹在直径约为 1cm 的铜箔上，将带有浆液的铜箔放入温度为 60℃ 的真空干燥箱中干燥 12h 至完全干燥。从下到上按网状头、生物质炭负极材料、1mol/L LiPF$_6$ 电解液、聚丙烯多孔隔膜、锂片、垫片、弹簧片、平面盖的顺序组装好纽扣电池，纽扣电池的型号为 CR2023，组装过程在氩气气氛的手套箱中进行，在新威测试系统上进行恒流充放电测试。

（6）实验结果记录与分析：产品形状、颜色、电化学性能等。

六、注意事项

（1）竹笋煅烧的温度和升温速度要控制。

（2）电极材料制备过程中负极材料多孔炭、2.5% 的 PVDF 溶液、乙炔黑的称量要准确。

七、思考题

（1）竹笋衍生的生物质多孔炭电化学性能测试过程需要注意什么事项？

（2）竹笋衍生的生物质多孔炭制备过程为什么要通氩气？

实验七　钴基金属有机框架衍生纳米 Co$_3$O$_4$ 负极材料的制备及性能

一、实验背景知识介绍

随着社会的发展，人类对能源的需求日益增多，能源危机问题和环境问题成为众多研究者关注的重点。在过去的几十年中，人们对锂离子电池的兴趣日益增长，以满足在储能领域中不断增长的商业需求。与传统的二次电池（镍镉电池、铅酸电池、镍氢电池等）相比，锂离子电池具有工作电压高、循环寿命长、能量密度大、无污染、无记忆效应等特点。负极材料作为 LIBs 的重要组成部分，引起了研究者们极大的关注。锂离子电池的快速发展，对负极材料的性能提出了更高的要求，因此寻找新型最佳功能负极材料是发展锂离子电池的主要任务。然而，传统的锂离子电池负极材料理论容量非常低，例如商业化的石墨负极材料，理论容量只有 372mAh/g，这一缺点使锂离子电池的发展空间非常有限。

金属有机框架（MOF）是一种过渡金属离子与有机配体通过自组装形成的具有周期

性网络结构的晶体多孔结构。由于 MOF 拥有大的比表面积、良好的多孔性能、高的热稳定性能和有规律的晶体结构而被广泛应用在锂电池电极材料中。另外，MOF 除了直接作为电极材料使用外，还可以通过一些简单的处理得到各种具有有趣结构的衍生金属氧化物。

二、实验目的

（1）了解水热法制备钴基金属有机框架衍生纳米 Co_3O_4 负极材料的原理和实验方法。

（2）了解纽扣电池组装。

三、实验原理

将二价钴盐 $[Co(NO_3)_2 \cdot 6H_2O]$ 和 4-氰基苯甲酸 $（C_8H_5NO_2）$ 按一定比例混合，加入 N,N-二甲基甲酰胺溶剂搅拌溶解，转移到聚四氟乙烯为内衬的高压反应釜中进行水热反应。在高温条件下，Co^{2+} 与有机配体中的羧基进行配位，形成钴基金属有机框架材料。钴基金属有机框架材料在空气气氛下进行高温煅烧处理，形成纳米 Co_3O_4，为了能够维持钴基金属有机框架材料的形貌，需要控制煅烧的温度和时间。

Co_3O_4 储锂机理：

$$Co_3O_4 + 8Li^+ + 8e^- \longrightarrow 4Li_2O + 3Co$$

$$4Li_2O + 3Co \longrightarrow Co_3O_4 + 8Li^+ + 8e^-$$

四、实验仪器与试剂

1. 仪器

磁力搅拌器，烧杯，电子天平，管式炉，离心机、高压反应釜，网状头，垫片，弹簧片，平面盖，聚丙烯多孔隔膜，鼓风干燥箱，打浆机，新威电池测试系统。

2. 试剂

4-氰基苯甲酸，$Co(NO_3)_2 \cdot 6H_2O$，聚偏二氟乙烯（PVDF），1-甲基-2-吡咯烷酮（NMP），N,N-二甲基甲酰胺（DMF），乙醇，乙炔黑，锂片，$1mol/L$ $LiPF_6$ 溶液。

五、实验步骤

（1）称取 $0.5238g$ $Co(NO_3)_2 \cdot 6H_2O$ 和 $0.2942g$ $C_8H_5NO_2$（4-氰基苯甲酸）分别加入到 2 份 10mL DMF 中，并在室温下搅拌 20min 使其完全溶解，分别得到溶液 A 和溶液 B。

（2）将溶液 A 缓慢滴至溶液 B 中，并用磁力搅拌器搅拌 20min 获得溶液 C。

·（3）将溶液 C 转入 50mL 以聚四氟乙烯为内衬的高压反应釜中进行水热反应，在 180℃下反应 12h，将反应后的溶液用去离子水和 75%乙醇各离心两次，离心后的产物放在 60℃的鼓风干燥箱中干燥，将干燥后的固体放在玛瑙研钵中研磨成粉末，得到初产物，命名为 Co-MOF。

（4）将该材料转移到瓷舟中，用管式炉进行加热，以 2℃/min 的升温速率在 600℃ 的空气氛围下煅烧 2h，即得到最终材料纳米 Co_3O_4。

（5）将负极活性材料纳米 Co_3O_4、导电剂乙炔黑、胶黏剂 PVDF 以 8：1：1 的质量比混合在 1-甲基-2-吡咯烷酮中，用打浆机在 35000r/min 下打浆 6 次，每次 1min 左右。将打好的浆料均匀地涂抹在铜箔上，再将涂好的铜箔放在 60℃ 的真空干燥箱中干燥 12h。从下到上按网状头、负极活性材料纳米 Co_3O_4、1mol/L $LiPF_6$ 电解液、聚丙烯多孔隔膜、锂片、垫片、弹簧片、平面盖的顺序组装好纽扣电池，纽扣电池的型号为 CR2032，组装过程在氩气气氛的手套箱中进行。电池组装好静置 12h 后放在测试系统（新威测试系统）上进行恒流充放电测试，电压范围设定为 0.005～3.0V。

（6）实验结果记录与分析：产品形状、颜色、电化学性能等。

六、注意事项

（1）反应过程中两种溶剂滴加顺序不能搞错并且滴加速度不能过快。

（2）Co-MOF 煅烧的温度和升温速度要控制。

七、思考题

（1）怎么判断产品是不是纳米 Co_3O_4？

（2）反应过程为什么要在高压反应釜中进行？

▌ 实验八　铁基金属有机框架衍生纳米 Fe_2O_3 负极材料的制备及性能

一、实验背景知识介绍

由于化石燃料的储量有限而且其燃烧会造成环境污染。随着工业的快速发展，全世界的能源消耗及其需求问题变得更加严重。为了缓解化石燃料枯竭以及相关的环境问题，科学家尝试利用水能、太阳能、风能和其他可再生能源转化为电能。为了使能源达到可适时利用和可调节的特性，研究人员致力于开发和实施绿色技术，以实现高效的电化学能量存储和转换。幸运的是，针对这些问题提出的一种可行的解决方案是可再充电电池的发明，该发明使绿色和可持续的电能供应成为了可能。自 20 世纪 90 年代索尼公司将锂离子电池商业化以来，锂离子电池已成为改变日常生活的关键技术之一。众所周知，电极材料对锂离子电池的电化学性能起着关键性作用，因此开发具有高可逆容量、良好的倍率性能和优异的循环稳定性的高性能锂离子电池的负极材料是符合国家发展战略且具有广阔商业化前景的研究。

金属有机框架是一种新型的多孔晶体材料，在可充电电池中常被用作为负极材料的前驱体。由于 MOF 具有较高的比表面积、可调节的孔径分布、特定的形貌结构，被越来越多的研究小组关注。MOF 衍生的电极材料继承了其比表面积大、孔隙率高等优点。

MOFs 衍生材料的引入突破了传统电极材料设计瓶颈，从而实现了高比容量、长循环寿命、高能量密度和高功率密度的电极材料可控构筑，对于促进高性能锂离子电池的发展具有重要实践运用意义。

二、实验目的

了解水热法制备铁基金属有机框架衍生纳米 Fe_2O_3 负极材料的原理和实验方法。

三、实验原理

将亚铁盐七水硫酸亚铁（$FeSO_4 \cdot 7H_2O$）和 1,4-二氰基苯（$C_8H_4N_2$）按一定比例混合，加入 N,N-二甲基甲酰胺溶剂搅拌溶解，转移到聚四氟乙烯为内衬的高压反应釜中进行水热反应。在高温条件下，Fe^{2+} 会与有机配体中的氰基进行配位，形成铁基金属有机框架材料。铁基金属有机框架材料在空气气氛下进行高温煅烧处理，会形成纳米 Fe_2O_3。为了能够维持钴基金属有机框架材料的形貌，需要控制煅烧的温度和时间。

Fe_2O_3 储锂机理：

$$Fe_2O_3 + 6Li^+ + 6e^- \longrightarrow 3Li_2O + 2Fe$$

$$3Li_2O + 2Fe \longrightarrow Fe_2O_3 + 6Li^+ + 6e^-$$

四、实验仪器与试剂

1. 仪器

磁力搅拌器，烧杯，电子天平，管式炉，离心机、高压反应釜，瓷舟，网状头，垫片，弹簧片，平面盖，聚丙烯多孔隔膜，鼓风干燥箱，玛瑙研钵，打浆机，新威电池测试系统，真空干燥箱。

2. 试剂

1,4-二氰基苯，$FeSO_4 \cdot 7H_2O$，聚偏二氟乙烯（PVDF），1-甲基-2-吡咯烷酮（NMP），无水乙醇，75％乙醇，乙炔黑，锂片，N,N-二甲基甲酰胺（DMF），1mol/L $LiPF_6$ 溶液，去离子水。

五、实验步骤

（1）称取 0.7506g $FeSO_4 \cdot 7H_2O$ 和 0.3836g $C_8H_4N_2$（1,4-二氰基苯）加入到含 15mL DMF 和 15mL 无水乙醇的混合溶剂中，并在室温下磁力搅拌 30min 使其完全溶解。

（2）将上述溶液转入到 50mL 以聚四氟乙烯为内衬的高压反应釜中进行水热反应，在 180℃下反应 12h，将反应后的溶液用去离子水和 75％乙醇各离心两次，离心后的产物放在 60℃的鼓风干燥箱中干燥，将干燥后的固体放在玛瑙研钵中研磨成粉末，得到初产物，命名为 Fe-MOF。

（3）将该材料转移到瓷舟中，用管式炉进行加热，以 2℃/min 的升温速率在 500℃的空气氛围下煅烧 2h，即得到最终材料纳米 Fe_2O_3。

（4）将负极活性材料纳米 Fe_2O_3、导电剂乙炔黑、胶黏剂 PVDF 以 8∶1∶1 的质量比混合在 1-甲基-2-吡咯烷酮中，用打浆机在 35000r/min 下打浆 6 次，每次 1min 左右。将打好的浆料均匀地涂抹在铜箔上，再将涂好的铜箔放在 60℃的真空干燥箱中干燥 12h。从下到上按网状头、生物质炭负极材料、1mol/L $LiPF_6$ 电解液、聚丙烯多孔隔膜、锂片、垫片、弹簧片、平面盖的顺序组装好纽扣电池。纽扣电池的型号为 CR2032，组装过程在氩气气氛的手套箱中进行。电池组装好静置 12h 后放在测试系统（新威测试系统）上进行恒流充放电测试，电压范围设定为 0.005～3.0V。

（5）实验结果记录与分析：产品形状、颜色、电化学性能等。

六、注意事项

（1）反应过程中混合溶剂需要先混合均匀，然后再依次加入反应物。

（2）Fe-MOF 煅烧的温度和升温速度要控制。

七、思考题

（1）如何判定反应后的产物是 Fe_2O_3，而不是 Fe_3O_4？

（2）浆料涂抹完成后，为何要在 60℃的真空干燥箱中干燥 12h 而不在鼓风干燥箱中干燥？

第 4 章 材料化学设计和综合类实验

一、实验背景知识介绍

杂多化合物（Heteropolycompounds，简称 HPC），也称多金属氧簇（Polyox-ometa-late，简称 POM），是由反荷阳离子（如 H^+、Na^+、NH_4^+ 等）、中心（杂）原子（如 P、Si、As、Co、Ge、Fe 等）和配位（多）原子（如 W、Mo、V、Nb 等）按一定的空间结构，通过氧原子配位桥联而成的金属-氧簇化合物。HPC 是杂多酸（Heteropoly Acid，HPA）及其盐和杂多蓝（Heteropoly Blue，HPB）的统称。目前研究开发最多的 HPC 主要有钼系和钨系两大类。

杂多酸以其独特的结构、强酸性和"晶格氧"的活泼性以及"假液相"行为等特性，作为一种绿色固体催化剂广泛应用于酸催化和氧化还原反应。

杂多酸按其阴离子的结构（即所谓的一级结构）可分为 Keggin、Dawson、Anderson等类型。其中 Keggin 型 12-磷钨酸的酸性强、催化活性高、不易挥发，具有替代传统有机酸和无机酸的潜能。但其比表面积小（$<10m^2/g$），易溶于水等极性溶剂的不足限制了其应用。通过改变杂多酸结构中的抗衡阳离子、杂原子及其骨架结构，其酸性、孔径、比表面积和耐水性会得到一定程度的改善。常采用金属离子或有机分子部分或全部取代 12-磷钨酸中的氢，得到 12-磷钨酸盐或有机型磷钨酸盐。

本实验介绍了 Keggin 结构磷钨酸、硅钨酸和磷钨钼酸的制备方法，同时介绍了系列磷钨酸盐的制备方法。读者可对催化剂进行 FT-IR、XRD、SEM、EDS 表征，并通过催化 30％双氧水氧化环己酮合成己二酸及催化乙酸与正丁醇液相合成乙酸正丁酯为探针反应，考察催化剂的催化活性和重复使用性能。

二、实验目的

（1）了解 Keggin 结构杂多酸（盐）催化剂的制备原理和实验方法。

（2）通过文献调研，了解 Keggin 结构杂多酸的性质和基本用途。

（3）通过 Keggin 结构杂多酸的制备及应用实验，培养学生绿色化学意识、创新意识和自主探究能力。

三、实验原理

钨和钼在化学性质上的显著特点之一是在一定条件下易自聚或与其他元素聚合，形成多酸或多酸盐。由同种含氧酸根离子缩聚形成的叫同多阴离子，如：$[W_7O_{24}]^{6-}$，其酸叫同多酸。由不同种类含氧酸根离子缩聚形成的叫杂多阴离子，如：$[SiW_{12}O_{40}]^{4-}$，其酸称为杂多酸，如硅钨酸的制备，反应方程式如下：

$$12Na_2WO_4 + Na_2SiO_3 + 26HCl = H_4SiW_{12}O_{40} \cdot xH_2O + 26NaCl + (11-x)H_2O$$

到目前为止，人们发现元素周期表中半数以上的元素都可以参与到多酸化合物的组成中来。多酸化合物的主要用途除传统的用作分析试剂外，近代在催化、材料科学、药物化学和电子学领域等也备受瞩目。

酸化-乙醚萃取法是杂多酸的传统合成方法。通常是将杂原子含氧酸与配原子含氧酸或配原子氧化物按一定比例混合均匀，长时间加热回流后，经酸化处理得到杂多酸。杂多酸在酸性条件下，与乙醚形成油状物，乙醚挥发后即得固体杂多酸。

采用该方法时必须注意：

a. 反应温度不同，所得杂多酸的结构不同。在各自的适宜 pH 下，较低温度主要生成 1：12 系列杂多酸，在回流煮沸时生成 2：18 系列杂多酸。

b. 杂多化合物对 pH 十分敏感，在多酸的制备中，酸化程度非常重要，pH 相差 0.01 所得产物结构就完全不同。

c. 杂原子引入次序不同，制得的杂多酸中杂原子与配位原子比例会发生变化，产物结构也会变化。

d. 乙醚沸点很低，极易挥发，有毒，易燃，操作时必须格外小心。

20 世纪六七十年代，英美等国公开了一大批关于 12-磷钨酸制备专利，US 3425794、US 3446575、US 3428415 公开了基于钨酸钠酸化-乙醚萃取法的改进工艺，但产率不超过 75%。

四、实验仪器与试剂

1. 仪器

集热式磁力搅拌器，水浴锅，温度计（0～100℃），三口烧瓶（150mL），电子天平，磁子，移液管（10mL），量筒（50mL），分液漏斗（100mL），滴液漏斗，蒸发皿，真空烘箱，MAGN-550 型 FT-IR 仪（美国 Nicolet 公司），D8 A dvance X 射线粉末衍射仪（德国 Bruker 公司），TESCAN-VEGA Ⅱ RSU 型扫描电子显微镜（捷克 TESCAN 公司），X-ACT 型能谱仪（EDS）（英国牛津仪器公司）。

2. 试剂

钨酸钠（$Na_2WO_4 \cdot 2H_2O$），钼酸钠（$Na_2MoO_4 \cdot 2H_2O$），硅酸钠（$Na_2SiO_3 \cdot 9H_2O$），磷酸氢二钠，乙醚，无水乙醇，浓盐酸，6mol/L 盐酸，浓硫酸，$SnCl_4 \cdot 2H_2O$，$Zn(NO_3)_2 \cdot 6H_2O$，$AgNO_3$，$H_3PW_{12}O_{40} \cdot xH_2O$，$Cs_2CO_3$，$Al(NO_3)_3 \cdot 9H_2O$，30% 双氧水，环己酮（分析纯），乙酸（分析纯），正丁醇（分析纯），蒸馏水。

五、实验步骤

（一） Keggin 结构杂多酸催化材料的制备

1. $H_3PW_{12}O_{40} \cdot xH_2O$ 的制备

将 25g $Na_2WO_4 \cdot 2H_2O$ 和 4g Na_2HPO_4 溶解于 150mL 热水中，边加热边搅拌下以细流向溶液中加入 25mL 浓盐酸，待液体变澄清，继续加热半分钟，此刻溶液呈现蓝色，需向溶液中滴加 30% H_2O_2 至蓝色褪去，冷却至室温。将此溶液转移到分液漏斗中，向分液漏中加入 35mL 乙醚，再分 3～4 次加入 5mL 浓 HCl，振荡，静止后分出下层油状物，放入蒸发皿中。水浴蒸除乙醚，直至液体表面有晶膜出现为止，冷却得到白色或淡黄色 $H_3PW_{12}O_{40} \cdot xH_2O$ 晶体，真空干燥备用。

2. $H_4SiW_{12}O_{40} \cdot xH_2O$ 的制备

称取 25g $Na_2WO_4 \cdot 2H_2O$ 溶于 50mL 热水中，置于磁力搅拌器上搅拌至澄清，加入 1.88g $Na_2SiO_3 \cdot 9H_2O$，将混合物加热至沸，从滴液漏斗中缓慢地向其中以 1～2 滴/秒的速度滴加浓盐酸至溶液的 pH 为 2，保持 30min 左右，自然冷却。将冷却后的液体转移至分液漏斗中，并向其中加入 25mL 乙醚，分 4 次加入 10mL 浓 HCl，每加一次充分振荡，静置后分层，分出下层有机相，加入 4mL 蒸馏水，水浴蒸发至表面有膜生成，冷却放置即可得无色有光泽的透明晶体，真空干燥备用。

3. $H_3PW_6Mo_6O_{40} \cdot xH_2O$ 的制备

量取 100mL 蒸馏水置于三口烧瓶（250mL）中，称取 7.26g（0.03mol）$Na_2MoO_4 \cdot 2H_2O$ 和 9.9g（0.03mol）$Na_2WO_4 \cdot 2H_2O$ 倒入三口烧瓶中，搅拌加热至沸，取 1.79g（0.005mol）Na_2HPO_4 搅拌溶解并加热至沸，30min 左右后开始滴加浓盐酸至 pH 为 1，再加热回流 5h，冷却至 60℃ 左右后冰浴，溶液转入分液漏斗中加 30mL 乙醚，充分振荡，向其中滴加约 30mL 的硫酸（将浓硫酸与去离子水按体积比 1∶1 配制）溶液至无油状物析出，分出下层油状物置于蒸发皿中，加入 5 滴蒸馏水，1～2 天后析出淡黄绿色晶体，真空干燥备用。

（二） Keggin 结构磷钨酸盐催化材料的制备

称取 12-磷钨酸（$H_3PW_{12}O_{40} \cdot xH_2O$）11.5g（2mmol）溶于水和无水乙醇（体积比 1∶5）的混合溶剂 50mL 中，剧烈搅拌下按比例加入一定量的无机盐 [$SnCl_2 \cdot 2H_2O$，$Zn(NO_3)_2 \cdot 6H_2O$，$AgNO_3$，Cs_2CO_3，$Al(NO_3)_3 \cdot 9H_2O$]，待溶解后继续搅拌 1h，旋转蒸发除去溶剂，120℃ 干燥 2h，300℃ 焙烧 2h，制得磷钨酸盐 $Cs_{0.5}H_{2.5}PW_{12}O_{40}$、$Cs_{1.5}H_{1.5}PW_{12}O_{40}$、$Cs_{2.5}H_{0.5}PW_{12}O_{40}$、$Zn_{1.5}PW_{12}O_{40}$、$AlPW_{12}O_{40}$、$Ag_3PW_{12}O_{40}$、$Sn_{0.5}H_2PW_{12}O_{40}$、$SnHPW_{12}O_{40}$ 和 $Sn_{1.5}PW_{12}O_{40}$。

（三）材料表征分析

观察并记录自制催化材料的产品形状、颜色及收率等，并对其进行 FT-IR、XRD、EDS、SEM 等表征。

（四）材料催化性能研究

以上述合成的 Keggin 结构磷钨酸盐为催化剂分别催化乙酸和正丁醇反应合成乙酸正丁酯及环己酮开环合成己二酸，考察催化剂的酸催化反应和催化氧化反应活性。通过正交实验和单因次实验考察磷钨酸负载量、催化剂用量、原料配比、反应时间和反应温度等因素对反应的影响，探索出优化的工艺条件。

六、注意事项

（1）杂多酸-乙醚配合物（HPA-Et$_2$O）蒸除乙醚时速度不能过快，宜用水浴小火慢蒸，并不停搅拌，否则乙醚蒸除不干净，导致磷钨酸容易结块且产品颜色易发黑。

（2）杂多酸制备反应过程中如溶液变蓝，可滴加 30％H$_2$O$_2$ 使其变成黄色或白色。

七、思考题

（1）比较 Keggin 结构磷钨酸、硅钨酸和磷钨钼酸合成方法有什么差别？

（2）为什么杂多酸制备反应过程中溶液会变蓝，滴加 30％H$_2$O$_2$ 后溶液重新变回黄色或白色？

（3）杂多酸具体有哪些性质和应用？

实验二　负载型 Dawson 结构磷钨酸催化材料的制备及应用

一、实验背景知识介绍

近年来，环境友好型的 HPC 以其独特"准液相"行为、多功能性（酸性、氧化性、阻聚作用、光电催化等）、低温高催化活性、高选择性及易于分子设计和组装等优点而备受关注。HPC 按其阴离子的结构（即所谓的一级结构）可分为 Keggin、Dawson、Anderson 等类型。至今为止，具有 Keggin 结构的 HPC 是唯一商品化的 HPC，研究得最充分，而 Dawson 等其他结构的 HPC 研究较少。

Dawson 结构磷钨酸是一类环境友好型酸催化剂和选择性氧化催化剂，与已经深入研究的 keggin 结构磷钨酸相比，往往表现出更优异的催化性能。但磷钨酸单独使用往往存在比表面积小（<10m^2/g），易溶于极性溶剂，回收及重复使用困难等不足。将杂多酸负载在合适的载体上，能大大提高比表面积。将其用于非均相催化反应，不仅可以克服 HPA 单独使用时存在的比表面积小、在极性溶剂中易溶解流失等不足，还可以有效提高催化活性和选择性，降低设备腐蚀和减少环境污染，且易于回收利用。

目前，采用的载体主要有活性炭、SiO$_2$、MCM-41 分子筛、TiO$_2$、离子交换树脂等孔隙材料，碳纳米管、硅藻土、MCM-48 作为载体负载 HPA 的报道不多。亦少见活性炭、SiO$_2$ 负载 Dawson 结构 HPC 的报道。主要的负载方法为：浸渍法、吸附法、溶胶-凝胶法、共沉淀法、水热分散法及反应法等。

本实验分别通过溶胶-凝胶法、浸渍法制备 $H_6P_2W_{18}O_{62}/SiO_2$、$H_6P_2W_{18}O_{62}/$硅藻土两种催化剂，对催化剂进行 FT-IR、XRD、SEM、EDS 表征，并通过催化 1，4-丁二醇脱水制备 THF 及催化合成乙酸正丁酯等反应过程考察催化剂的催化活性和重复使用性。

二、实验目的

（1）了解溶胶-凝胶法制备 $H_6P_2W_{18}O_{62}/SiO_2$ 催化剂的原理和实验方法。

（2）了解浸渍法制备 $H_6P_2W_{18}O_{62}/$硅藻土催化剂的原理和实验方法。

（3）通过文献调研，了解杂多化合物的性质和基本用途。

（4）通过负载型磷钨酸的制备及应用实验，培养学生绿色化学意识、创新意识和自主探究能力。

三、实验原理

1. Dawson 结构磷钨酸的制备

Dawson 结构磷钨酸制备流程如图 4-1 所示。

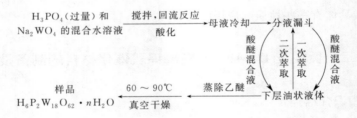

图 4-1 Dawson 型杂多酸的合成流程

2. 浸渍法

在一定温度下，将一定量的载体浸入到一定浓度的 HPA 溶液中，搅拌一定时间，再静置，蒸去多余的水，烘干备用。改变 HPA 溶液的浓度及浸渍时间是调节浸渍量的主要手段。浸渍法制备负载型催化剂虽然操作简单，催化剂活性高，但有时活性组分易脱落，导致催化剂失活。

3. 溶胶-凝胶法

取一定量的正硅酸乙酯（或钛酸正丁酯等）、乙醇、HPA 等经搅拌、加热形成胶状物，静置一定时间老化，样品在一定温度下真空烘干。溶胶-凝胶法制备负载型 HPA 催化剂，活性组分不易脱落，重复使用性能良好。

四、实验仪器与试剂

1. 仪器

集热式磁力搅拌器，磁子，水浴锅，温度计，圆底烧瓶（150mL），电子天平，移液管（10mL），量筒（50mL），分液漏斗（100mL），真空烘箱、MAGN-550 型 FT-IR 仪

（美国 Nicolet 公司），D8 Advance X 射线粉末衍射仪（德国 Bruker 公司），TESCAN-VEGA Ⅱ RSU 型扫描电子显微镜（捷克 TESCAN 公司），X-ACT 型能谱仪（EDS）（英国牛津仪器公司）。

2. 试剂

钨酸钠（$NaWO_4 \cdot 2H_2O$），浓磷酸，乙醚，浓硝酸，浓盐酸，硅藻土，正硅酸乙酯，异丙醇，冰醋酸，正丁醇，1,4-丁二醇，蒸馏水等。

五、实验步骤

（一）Dawson 结构磷钨酸催化材料的制备

在 100mL 圆底烧瓶中先后加入 5g $NaWO_4 \cdot 2H_2O$ 和 50mL 热水，待溶解后，在强烈搅拌下加入 4.5mL 浓 H_3PO_4 和 10mL 蒸馏水，滴加 2 滴浓硝酸，置于温度为 140℃下反应 1.5h。溶液冷却至室温，加入到分液漏斗中，加入 4mL 乙醚，1.2mL 浓盐酸，搅拌均匀，放气、静置，溶液分成三层，取最下层（浅黄色，约 6.5mL），即为杂多酸-乙醚配合物（HPA-Et$_2$O）。40℃磁力搅拌蒸除乙醚，回收溶剂，将得到的固体物置于真空烘箱中，80℃干燥至恒重，即得到浅黄色的 $H_6P_2W_{18}O_{62} \cdot 13H_2O$。

（二）$H_6P_2W_{18}O_{62}/SiO_2$ 催化材料的制备

取 0.8g $H_6P_2W_{18}O_{62} \cdot 13H_2O$ 溶于 18mL 蒸馏水中配成 A 溶液。取 21mL 正硅酸乙酯加入到 9mL 异丙醇中，混合均匀得 B 溶液。将 B 溶液缓慢加入到 A 溶液中，并用浓盐酸调混合液至 pH 为 2.0 左右。分别在室温和 45℃下搅拌 1h 和 3h，然后在 80℃下搅拌，直至生成水凝胶，真空干燥，即获得不同负载量的复合材料 $H_6P_2W_{18}O_{62}/SiO_2$。

（三）$H_6P_2W_{18}O_{62}$/硅藻土催化材料的制备

硅藻土预处理：将硅藻土用蒸馏水洗涤多次，抽滤，130℃下烘干备用。

称取 0.2～0.8g $H_6P_2W_{18}O_{62}$ 置于烧瓶中，加 30mL 水使磷钨酸溶解，再加入 20g 预处理过的硅藻土，25℃下磁力搅拌浸渍 12h，后升温至 60℃至搅拌蒸干，再放置在烘箱中 110℃干燥 3h，即获得 10%～40% 不同负载量的 $H_6P_2W_{18}O_{62}$/硅藻土催化剂。对催化剂进行 IR、XRD、EDX 等表征。负载量＝磷钨酸质量/载体质量×100%。

（四）材料表征分析

观察并记录自制催化材料的产品形状、颜色及收率等，并对其进行 FT-IR、XRD、EDS、SEM 等表征。

（五）材料催化性能研究

以上述合成的 $H_6P_2W_{18}O_{62}$/硅藻土为催化剂分别催化冰醋酸和正丁醇反应合成乙酸正丁酯和 1,4-丁二醇脱水合成四氢呋喃，考察催化剂的催化性能。通过正交实验和单因次实验考察了磷钨酸负载量、催化剂用量、原料配比、反应时间和反应温度等因素对反应的影响，探索出优化的工艺条件。

六、注意事项

（1）Dawson 结构磷钨酸制备过程中必须控制反应温度在 120℃以上，否则容易生成 Keggin 结构磷钨酸。

（2）杂多酸-乙醚配合物（HPA-Et$_2$O）蒸除乙醚时速度不能过快，宜用水浴小火慢蒸，并不停搅拌，否则乙醚蒸除不干净，导致磷钨酸容易结块且产品颜色易发黑。

（3）溶胶-凝胶法制备负载型磷钨酸过程中，移液管、烧杯使用前要保持干燥，防止水解。

（4）反应时间不应少于 1.5h，否则产率偏低。如反应温度升高，则可减少反应时间。

七、思考题

（1）Dawson 结构磷钨酸制备过程中加入 2 滴浓硝酸的作用是什么？

（2）H$_6$P$_2$W$_{18}$O$_{62}$/SiO$_2$ 催化材料的制备过程中，为什么要用浓盐酸调混合液至 pH 为 2.0 左右？

（3）实验室如何评价负载型 Dawson 结构磷钨酸催化剂的酸催化活性？

实验三　溶胶-凝胶法制备介孔 TiO$_2$ 可见光催化剂

一、实验背景知识介绍

介孔材料因其较大的比表面积和孔体积，在催化、环境保护、生物传感器和药物控释等方面拥有巨大的应用潜力。具有两亲性结构的表面活性剂可相互聚集，形成胶束、胶囊等形态，利用这一特性可以选择表面活性剂 PEG、P123 等为模板剂合成介孔材料。TiO$_2$ 光催化剂可用于环境污染的消除，但其存在激发波长短、太阳能利用率低、量子效率低、光催化剂吸附性能较差等不足，因此通过掺杂制备介孔 TiO$_2$ 可见光催化剂具有重要的应用价值。

溶胶-凝胶法是在酸性条件下，加入过渡金属、稀土金属等掺杂离子的水溶液，以 Ti(OBu)$_4$ 等为钛源水解形成 Ti(OBu)$_{4-n}$L$_n$（L＝Cl，CH$_3$COO$^-$），PEG 分子与钛离子间相互作用形成了 Ti(OBu)$_{4-n}$L$_n$-PEG 聚合球，再进一步水解成 Ti(OH)$_4$-PEG，经干燥、焙烧，去除模板剂后得到介孔 TiO$_2$ 可见光催化剂。

二、实验目的

（1）了解溶胶-凝胶法制备介孔 TiO$_2$ 可见光催化剂的原理和实验方法。

（2）熟悉马弗炉的使用。

三、实验原理

将一定比例的模板剂、钛酸四丁酯 [Ti(OBu)$_4$] 依次溶解在无水乙醇中，再加入抑制剂冰醋酸（CH$_3$COOH），然后滴加到含稀土金属离子的水溶液中进行水解，经干燥、焙烧后即得到介孔 TiO$_2$ 可见光催化剂，反应式为：

$$Ti(OBu)_4 + 4H_2O \longrightarrow Ti(OH)_4 + 4C_4H_9OH$$

$$Ti(OH)_4 \longrightarrow TiO_2 + 2H_2O$$

由反应式可看出，反应的理论物质的量比为 Ti(OBu)$_4$：4H$_2$O＝1：4，在实际反应中水应适当过量。

四、实验仪器与试剂

1. 仪器

集热式磁力搅拌器，磁子，水浴锅，温度计，锥形瓶（250mL），电子天平，移液管（10mL），量筒（50mL），恒压滴液漏斗（25mL），磁铁，鼓风恒温烘箱，马弗炉，瓷坩埚（50mL）。

2. 试剂

钛酸四丁酯，PEG1000，无水乙醇，冰醋酸，六水硝酸镧，去离子水。

五、实验步骤

（1）在 250mL 锥形瓶中，将称取好的 0.75g 模板剂 PEG1000 溶解在 20mL 无水乙醇中，加入磁子，25℃下 500r/min 搅拌溶解 30min，如图 4-2 所示。

（2）调整转速至 800r/min，先后滴加 10mL 的钛酸四丁酯、5mL 冰醋酸，继续搅拌 30min。

（3）然后均匀滴加硝酸镧乙醇水溶液（0.1337g 六水硝酸镧溶解于 12.5mL 无水乙醇与 7.5mL 去离子水形成的混合溶剂中），形成溶胶。

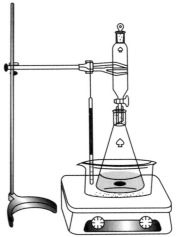

图 4-2　溶胶-凝胶法制备介孔 TiO$_2$ 可见光催化剂实验装置

（4）待凝胶后用磁铁吸出磁子，室温陈化 24h 后，80℃下干燥 12h，再于马弗炉中 550℃下焙烧 2h，冷却后研磨，得成品。

（5）材料表征分析：将介孔 TiO$_2$ 可见光催化剂进行 XRD、XPS、BET、SEM 等表征。

（6）实验结果记录与分析：产品形状、颜色及收率等。

六、注意事项

（1）锥形瓶、移液管使用前要保持干燥，防止钛酸四丁酯水解。

（2）滴加硝酸镧乙醇水溶液的速度不能太快。

七、思考题

（1）加入冰醋酸的作用是什么？

（2）为什么要控制硝酸镧乙醇水溶液滴加速度？

（3）实验室如何评价介孔 TiO_2 可见光催化剂的光催化活性？

实验四　盐酸聚苯胺的制备及其催化 H_2O_2 氧化处理亚甲基蓝

一、实验背景知识介绍

聚苯胺作为一种新型的导电高分子材料，具有质子交换、氧化还原、电致变色和三阶非线性光学等性质，在塑料电池、电磁屏蔽、导电材料、发光二极管、光学器件等方面具有巨大的应用前景而受到人们的广泛关注。印染废水是一种难处理的工业废水，具有有机物含量高、色度大、成分复杂、排放量大等特点。因此，利用盐酸掺杂聚苯胺的氧化还原性能，用盐酸掺杂聚苯胺催化过氧化氢氧化处理亚甲蓝溶液模拟染料废水具有重要的意义。

溶液法是制备盐酸聚苯胺常见方法之一，该法是指在苯胺酸性溶液中发生氧化偶联聚合后掺杂得到，具有合成简单方便，原料易得等优点。具体方法为：以含有一定量的新蒸馏苯胺为单体，用过硫酸铵为氧化剂，在酸性水溶液中将苯胺单体氧化偶联聚合成聚苯胺，经盐酸掺杂得到盐酸聚苯胺。

二、实验目的

了解溶液法制备盐酸聚苯胺及催化 H_2O_2 氧化处理亚甲基蓝的原理和实验方法。

三、实验原理

将新蒸馏的苯胺分散在一定浓度的酸性介质中，加入过硫酸铵（$(NH_4)_2S_2O_8$）作为氧化剂后发生氧化偶联聚合，搅拌反应一段时间，减压过滤、掺杂、洗涤、真空干燥后即得到盐酸聚苯胺，反应式为：

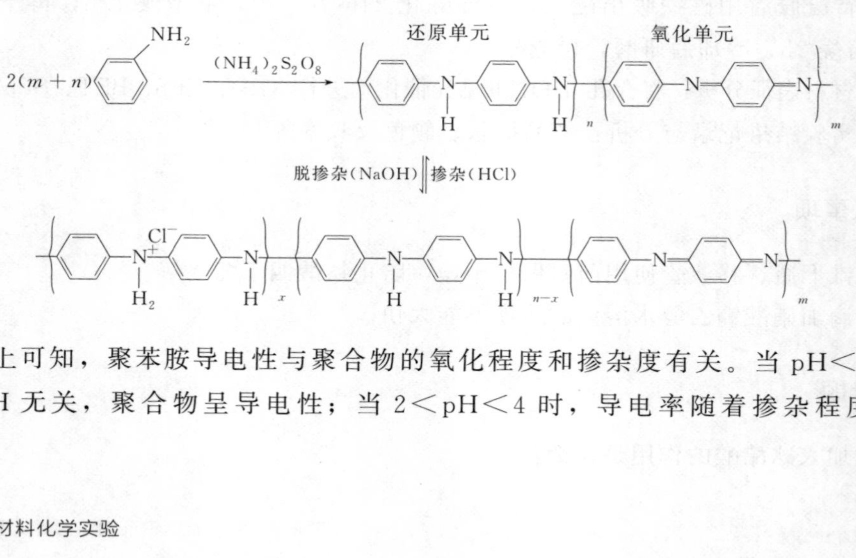

由以上可知，聚苯胺导电性与聚合物的氧化程度和掺杂度有关。当 pH＜2 时，导电率与 pH 无关，聚合物呈导电性；当 2＜pH＜4 时，导电率随着掺杂程度增加而提高。

四、实验仪器与试剂

1. 仪器

集热磁力搅拌器，水浴锅，三口烧瓶（250mL），温度计（100℃），恒压滴液漏斗（25mL），烧杯（100mL），布氏漏斗，电子天平，磁铁，pH试纸，真空泵，真空干燥箱，721分光光度计，容量瓶。

2. 试剂

苯胺，过硫酸铵，2mol/L稀盐酸，30%过氧化氢，20g/L亚甲基蓝溶液，去离子水。

五、实验步骤

（1）称取新蒸馏的苯胺4.7g（0.05mol）、2mol/L的稀盐酸溶液50mL于250mL三口烧瓶中，300r/min下搅拌溶解，溶液温度保持在0～5℃（图4-3）。

（2）取11.4g过硫酸铵（0.05mol）溶解在25mL去离子水中，配制成过硫酸铵溶液。

（3）在0～5℃条件下，缓慢滴加过硫酸铵溶液，25min内滴加完毕，保温1h后，停止反应。

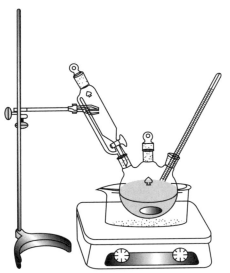

图4-3 溶液法制备盐酸聚苯胺实验装置

（4）结束反应，回收磁子，将反应产物进行抽滤，滤饼用去离子水洗涤。所得产物用2mol/L的稀盐酸浸泡掺杂2h，过滤，50℃条件下真空干燥4h，称重，计算收率。

（5）材料表征分析：将盐酸聚苯胺进行FTIR、GPC、^{1}HNMR、TG等测试分析。

（6）实验结果记录与分析：产品形状、颜色及收率等。

（7）量取配制好的20mg/L的亚甲基蓝模拟废水100mL于100mL小烧杯中，加入0.05g盐酸聚苯胺、30%的过氧化氢1mL，进行催化氧化反应15min。

（8）过滤回收盐酸聚苯胺催化剂，测定母液吸光度（$\lambda_{max}=664nm$），结合亚甲基蓝初始吸光度，计算亚甲基蓝脱色率 $D=(1-A_t/A_0)\times100\%$。

（9）可改变催化剂和过氧化氢用量等条件，进行自主实验设计。

六、注意事项

（1）氧化聚合过程尽可能控制反应温度不高于5℃，保护苯胺单体不被深度氧化。

（2）过硫酸铵的滴加速度不能太快。

（1）盐酸聚苯胺催化 H_2O_2 氧化处理亚甲基蓝的反应机理是什么？

（2）盐酸聚苯胺为什么是导电高分子？

实验五　pH 响应型聚己内酯的合成

一、实验背景知识介绍

近年来，基于聚合物胶束的药物释放系统，以其特有的优势引起人们的关注。聚合物胶束大多是由两亲性聚合物组装形成，通常形成疏水性内核与亲水性外壳的核壳结构，将疏水性药物包封于疏水性内核中。肿瘤部位因其独特生理结构与代谢特征，使其生理微环境与正常组织不同，具有高压、高温、弱酸性、特定的酶代谢等特征。利用肿瘤内部的酸性环境设计 pH 响应性聚合物，通过药物的定向释放，提高药物在肿瘤处的血药浓度，降低药物毒副作用及耐药性，达到最佳的疗效。

聚己内酯（Polycaprolactone，PCL）是一种由 ε-己内酯在催化剂作用下通过开环聚合反应制得的聚合物，其具有较好的生物相容性、组织通透性、降解性，被广泛用于药物载体、生物医用材料等领域。PCL 具有疏水性，可用于两亲性聚合物的疏水部分，通过与其他单体共聚，可以制备具有 pH 响应、温度响应等环境响应性的聚合物，这些具有环境响应性的 PCL 能够用于抗肿瘤药物的靶向输送。

二、实验目的

（1）了解 ATRP 法合成高分子材料的原理。

（2）熟悉 ATRP 操作方法。

三、实验原理

Matyjias zewski 和王锦山等在 1995 年提出了原子转移自由基聚合（ATRP）的概念。在 ATRP 反应过程中，含有卤元素的过渡金属配合物 M_t^n/L 和有机卤化物 R—X（溴或氯）中的卤原子之间能够进行可逆转移，由此可用来控制反应体系中自由基活性物种的浓度，从而使聚合物反应活性可控。ATRP 聚合一般以卤化物 RX 为引发剂，低价态的过渡金属配合物作为卤原子的载体，以联吡啶等作为配体，构成三元的引发体系。在 ATRP 中，过渡金属配合物可逆地和增长自由基结合产生休眠种 R—M_n—X，休眠种又可以可逆地被活化形成 R—M_n·，继续开始链增长。通过一个活化和休眠交替的可逆过程，使体系中引发链增长的自由基的浓度维持一个较低的值。较慢的链增长速率可以降低增长自由基不可逆终止以及链转移的概率，从而达到分子量和分子量分布可控的目的。反应机理如下：

链引发

$$R-X + M_t^n/L \rightleftharpoons R\cdot + M_t^{n+1}X/L$$

$$R-M-X + M_t^n/L \rightleftharpoons R-M\cdot + M_t^{n+1}X/L$$

链增长

$$R-M_n-X + M_t^n/L \underset{k_{dact}}{\overset{k_{act}}{\rightleftharpoons}} R-M_n\cdot + M_t^{n+1}X/L$$

四、实验仪器与试剂

1. 仪器

数显恒温水浴锅，油泵，双排管，Schlenk 管，液氮，冷凝管，橡胶管，圆底烧瓶（50mL），电子天平，pH 试纸，烧杯（100mL）。

2. 试剂

正十二醇，己内酯，异辛酸亚锡，甲苯，甲醇，四氢呋喃（THF），无水二氯甲烷，三乙胺，溴异丁酰溴，甲基丙烯酸二甲氨基乙酯（DMAEMA），溴化铜，抗坏血酸钠，五甲基二乙烯三胺，0.1mol/L 盐酸，0.1mol/L NaOH。

五、实验步骤

1. PCL 的合成

在 50mL 圆底烧瓶中加入 186mg（1mmol）正十二醇、4.5g 己内酯、200μL 异辛酸亚锡和 20mL 甲苯，抽真空—充氮气重复 3 次，于 120℃下反应 12h。产物以冷甲醇沉淀，经抽滤后得到白色固体。将所得粗产物以四氢呋喃溶解，冷甲醇沉淀、抽滤，室温下真空干燥后得白色固体。

2. 引发剂（PCL-Br）的合成

取 2.5g PCL 溶于 15mL 无水二氯甲烷中，冰水浴 30min 后加入 240μL 三乙胺、200μL 溴异丁酰溴，在冰水浴中反应 2h，升温至室温后，继续反应 24h，以冷甲醇沉淀。将所得粗产物以 THF 溶解，以冷甲醇沉淀、抽滤，室温下真空干燥后得白色产物。

3. PCL-b-PDMAEMA 的合成

在 Schlenk 管中先后加入 500mg PCL-Br、500mg DMAEMA、8mLTHF 和 0.8mL 甲醇，搅拌溶解后通过 3 次冷冻—抽真空—解冻—充氮气循环操作除去氧气。在另一支 Schlenk 管中加入 10mg $CuBr_2$、1mL THF 和 0.1mL 甲醇，冷冻—抽真空—解冻循环脱氧一次后，加入 50mg 抗坏血酸钠，搅拌 15min，在氮气保护下加入 100μL 的五甲基二乙烯三胺，继续搅拌 15min。将已脱气的单体/引发剂溶液加入到有催化剂的 Schlenk 管中。密封 Schlenk 管，并使混合溶液在 25℃下聚合 16h，将反应混合物暴露于空气中以终止聚合。

4. 胶束制备

将混合物过氧化铝柱除去催化剂，经浓缩后，转移至透析袋（MWCO，3500）中置于去离子水中透析 2 天后得胶束溶液。

5. PCL-*b*-PDMAEMA 的 pH 响应

分别用盐酸（0.1mol/L）和氢氧化钠溶液（0.5mol/L）调节胶束溶液的 pH 为 4 和 10，分别测试胶束的粒径并比较粒径大小。

六、注意事项

（1）反应体系中要严格做到无水无氧。

（2）要确保体系不发生泄漏。

七、思考题

（1）为什么要进行冷冻—抽真空—解冻循环操作？

（2）为什么在不同 pH 下胶束粒径会不一样？

实验六　RAFT 法合成温度响应型聚合物

一、实验背景知识介绍

温度响应型聚合物是指当环境发生变化时，聚合物链会发生可逆地收缩或舒展的一类聚合物。常见的温度响应型聚合物会存在最低临界溶解温度（Lower Critical Solution Temperature，LCST）。LCST 是指在某温度以下，聚合物能与溶剂混溶，而在该温度以上会形成不混溶的两相，即稀释聚合物相和浓缩聚合物相。聚合物相在转变温度下的脱水是由于聚合物-聚合物之间的相互作用，它伴随着聚合物链的坍塌，从细长的螺旋到坍塌的小球。因此，热响应的相变通常称为线圈到小球的相变。为了使材料具有热响应性，通常认为通过聚合引入热响应性链是可行的策略。

聚（N-异丙基丙烯酰胺）（PNIPAM）具有亲水性酰胺基团和疏水性异丙基侧链，是目前研究最多的温敏响应聚合物之一。在水溶液中，PNIPAM 的 LCST 是 32℃。当溶液温度高于 32℃时，PNIPAM 链发生皱缩，与水不相容，分子链内形成氢键，导致聚合物链与水分子之间的相互作用减弱，最终发生相分离。相反，PNIPAM 在低于其 LCST 的温度下，水分子通过与酰胺氧形成分子间氢键，此时水成为 PNIPAM 链的良好溶剂，这将促进分子链在水中溶解度的增加。PNIPAM 的低临界溶解温度（LCST）对于生物医学应用也是一个有利的温度，因为它接近人体的温度（37℃），可以广泛应用于生物医学领域。

Rizzardo 等于 1998 年首次提出了断裂转移自由基聚合（RAFT）的聚合手段。断裂转移自由基聚合（RAFT）是一种以可逆链转移为基础的聚合手段，具体来说，断裂转移自由基聚合能够达到一个可控的目的是由于双硫酯类的化合物可以和增长自由基（Pn·）发生一种可逆的链转移反应，对聚合反应体系中增长自由基浓度能够进行一个控制，从而使聚合物的链增长过程可控。本实验采用 RAFT 法聚合 NIPAM 来合成温度响应型聚合物。

二、实验目的

（1）了解 RAFT 法合成高分子材料的原理和实验方法。
（2）理解温度响应型聚合物的设计思路。

三、实验原理

RAFT 聚合反应机理如下：
链引发

$$引发剂 \longrightarrow I \cdot \xrightarrow[K_i]{单体} P_m \cdot$$

链转移

$$P_m \cdot + \underset{Z}{\overset{S \quad S-R}{\diagup\!\diagdown}} \underset{K_{-add}}{\overset{K_{add}}{\rightleftharpoons}} \underset{Z}{P_m-S\overset{\cdot}{\diagup}S-R} \underset{K_{-\beta}}{\overset{K_{\beta}}{\rightleftharpoons}} P_m-S\underset{Z}{\overset{S}{\diagup\!\diagdown}} + R \cdot$$

链增长

$$R \cdot \xrightarrow[K_{r-i}]{单体} R-M \cdot \xrightarrow[K_p]{单体} P_n \cdot$$

链平衡

$$P_n \cdot + \underset{Z}{\overset{S \quad S-P_m}{\diagup\!\diagdown}} \rightleftharpoons \underset{Z}{P_n-S\overset{\cdot}{\diagup}S-P_m} \rightleftharpoons P_n-S\underset{Z}{\overset{S}{\diagup\!\diagdown}} + P_m \cdot$$

链终止

$$P_m \cdot + P_n \cdot \longrightarrow 无活性聚合物$$

从反应机理中可以看出，RAFT 法主要分为四步。

（1）链引发（Initiation）及链增长　生成初级自由基（Pm·）。

（2）链转移（Chain transfer）　初级自由基（Pm·）与 RAFT 试剂中的硫羰基发生反应。

（3）再引发（Reinitiation）　生成（Pn·）。

（4）链平衡（Chain equilibration）　大分子二硫代酯和链自由基 Pn· 之间形成一种活性中心与休眠种之间的可逆快速平衡体系。这种快速平衡的过程为聚合体系始终保持活性提供了理论基础。

（5）链终止（Termination）　链自由基 Pm· 和 Pn· 发生链终止结束链的增长。

四、实验仪器与试剂

1. 仪器

油浴锅，电子天平，双排管，磁力搅拌器，真空干燥箱，圆底烧瓶（25mL），烧杯（50mL）。

2. 试剂

4-氰基-4-(十二烷基硫烷基硫代羰基)硫烷基戊酸（DTTCP），N-异丙基丙烯酰胺（NIPAM），偶氮二异丁腈（AIBN），1,4-二氧六环，石油醚，氮气，去离子水。

五、实验步骤

（1）在25mL烧瓶中先后加入5.5mgAIBN、14mL 1,4-二氧六环、0.04gDTTCP 和1.13gNIPAM，开启磁力搅拌。

（2）边搅拌，边通氮气40min，以除去反应瓶内氧气。

（3）将反应瓶置于70℃油浴下进行聚合，反应24h。

（4）将反应液在40mL冰石油醚中沉淀，分离出白色沉淀物。在重复三次溶解-沉淀操作后，将产物在40℃真空下干燥24h，得到白色产物。

（5）取10mg产物加入到3mL去离子水中，待溶解后加热，观察实验现象。记录下溶液由澄清到浑浊出现时的温度。

六、注意事项

（1）反应体系中要严格做到无氧。

（2）沉淀时，溶液浓度不能过大也不能过小。

七、思考题

（1）为什么产物要重复三次溶解-沉淀操作？

（2）聚合物 LCST 和哪些因素有关？

实验七　聚醚改性硅油的合成

一、实验背景知识介绍

聚醚改性硅油是将聚醚链段和有机二甲基硅氧烷接枝共聚而成的一种性能独特的改性有机硅聚合物，因含有亲水性的聚醚链段，与水相容性好；而分子链中的疏水性的聚硅氧烷链段赋予其低的表面张力特性。因此，聚醚改性硅油是一类性能优良的表面活性剂，其广泛应用于织物整理剂、乳化剂、流平剂、消泡剂等领域。

二、实验目的

（1）掌握聚醚改性硅油的制备原理及其方法。

（2）通过实验操作，加深对硅氢加成反应机理的理解，掌握硅氢加成反应要点及注意事项。

三、实验原理

在含铂催化剂的催化下，单端烯丙基环氧乙烷环氧丙烷不饱和聚醚中的乙烯基与甲基含氢硅油高分子链中 Si—H 键发生硅氢加成反应，生成有机硅氧烷为主链，聚醚为侧基的共聚物。硅氢加成反应如下：

$$\underset{\underset{CH_3}{\overset{CH_3}{|}}}{\overset{CH_3}{\overset{|}{}}}H\!-\!SiO(SiO)_m Si\!-\!H + CH_2\!=\!CH\!-\!A \xrightarrow{[Pt]} AC_2H_4\!-\!SiO(SiO)_m Si\!-\!C_2H_4A$$

$$A: CH_2O(C_2H_4O)_a(C_3H_6O)_b CH_2CH\!-\!CH_2$$

四、实验仪器与试剂

1. 仪器

三口烧瓶（250mL），搅拌器，搅拌桨，油浴锅，温度计，减压装置，抽真空装置，缓冲瓶等。

2. 试剂

氯铂酸催化剂，含氢硅油（含氢量为 0.08%，黏度为 50～500mPa·s），不饱和聚醚 F-6（双键值≥0.5mmol/g），氮气。

五、实验步骤

（1）在 250mL 三口烧瓶中加入 0.08% 的含氢硅油 50g 和不饱和聚醚 F-6 88g。开始通氮气保护，加热搅拌，体系升温至 85～100℃，保持 10min，脱除物料中少许的水分（图 4-4）。

（2）向体系中加入氯铂酸催化剂，使其 Pt 含量为 25ppm（$1ppm = 10^{-6}$），保持体系温度为 90～100℃，保温反应 3h，当体系透明时，停止加热，搅拌冷却至室温，测定聚醚改性硅油的黏度。

（3）实验结果记录与分析：聚醚改性硅油外观、颜色及收率等。

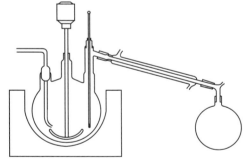

图 4-4　硅氢加成反应装置

六、注意事项

（1）反应装置尽可能干燥，以提高催化反应效率。

（2）催化剂应分批逐步加入。

（1）为什么催化剂应分批逐步加入？

（2）反应前期为什么要通氮气？

实验八　脱醇型单组分室温硫化硅橡胶的制备

一、实验背景知识介绍

单组分室温硫化硅橡胶又称单组分室温固化硅橡胶，是缩合型硅橡胶的主要产品之一，是一类应用广泛的有机硅产品，主要用于胶黏、密封领域。依据硫化时释放出低分子种类的不同，分为乙酸型、酮肟型、醇型、胺型、酰胺型及丙酮型等多种类型。其主要由基胶、填料、催化剂、增塑剂、交联剂、颜料等配合而成。

二、实验目的

（1）学会脱醇型单组分室温硫化硅橡胶的制备方法，通过实验理解单组分缩合型室温硫化硅橡胶基础胶料的高分子结构和硫化反应机理。

（2）通过实验操作，制得能稳定储存和正常硫化的脱醇型单组分室温硫化硅橡胶，掌握其制备工艺流程。

三、实验原理

单组分脱醇型室温硫化硅橡胶的制备，由基础聚合物 α,ω-二羟基聚二甲基硅氧烷与具有 3 个烷氧基的交联剂进行预缩合反应，生成高分子链两端均带两个可水解的烷氧基基团的"爪形结构聚合物"。该基体聚合物接触空气中的水分后，高分子链端的烷氧基水解成硅羟基，此羟基与尚未水解的高分子链中的烷氧基之间发生缩合反应脱去甲醇，通过高分子链之间的化学交联实现室温硅橡胶的硫化。脱醇型室温硫化硅橡胶的合成及硫化反应机理如下。

胶料预聚体合成：

硫化反应机理：

α, ω-二羟基聚二甲基硅氧烷与甲基三甲氧基硅烷的缩合反应需要催化剂的参与，本实验选择酞酸酯螯合物为催化剂。另外，为了增强橡胶弹性体的机械强度，需在反应胶料中添加适量补强填料。

四、实验仪器与试剂

1. 仪器

三口烧瓶（500mL），不锈钢搅拌器，搅拌器套管，油浴锅，温度计，减压装置，抽真空装置，缓冲瓶等。

2. 试剂

α, ω-二羟基聚二甲基硅氧烷（黏度（2～4）×10^4 mPa·s），甲基三甲氧基硅烷（纯度 ≥98%），酞酸酯螯合物，白炭黑，可密封金属软管，氮气。

五、实验步骤

（1）在500mL三口烧瓶中分别加入 α, ω-二羟基聚二甲基硅氧烷 332g、白炭黑 17.5g（或预先将 α, ω-二羟基聚二甲基硅氧烷与白炭黑混匀后加，经捏合、混炼研磨加工处理成复合物），开始搅拌、加热、抽真空，减压脱水；体系升温至140℃，控制真空度为0.091MPa左右，脱水80min，维持氮气条件，停止加热，冷却至室温。

（2）停止通氮气，继续向三口瓶中加入甲基三甲氧基硅烷 20g 和酞酸酯螯合物 4.0g，继续搅拌，观察物料的黏度增长，待物料黏度最大后，黏度会逐渐减小，继续搅拌30min，停止反应。

（3）在氮气条件下，将物料冷却至室温，拆解反应装置，将物料分装于金属软管中密封保存。

（4）从软管中挤出约40g成品胶料，在玻璃板上分别刮摊成 1mm、3mm、5mm、10mm 厚的涂层，在室温下放置，并观察记录胶样表层（表干、消黏）和内部硫化反应进程。

（5）制得的硅橡胶放置 3d、5d、14d、30d 后通过挤压测试封装硅橡胶软管的硬度和弹性恢复状况，判断硅橡胶是否交联硫化，记录测试结果。

六、注意事项

（1）本实验在投料前应将反应所需的玻璃仪器充分干燥处理，预先将三口烧瓶等反应装置一并称重并做好记录。

（2）若出现搅拌困难，应预先将 α, ω-二羟基聚二甲基硅氧烷与白炭黑混匀后，经捏合、混炼研磨加工处理成复合物再加入三口烧瓶中。

七、思考题

（1）为什么制备硅橡胶过程需要干燥处理？

(2) 该硅橡胶在硫化过程中，表层和内部是否同时进行？

实验九　加成型液体硅橡胶基础聚合物的制备

一、实验背景知识介绍

在催化剂作用下，基础硅橡胶中的乙烯基与含氢硅油中的硅氢键之间通过硅氢加成反应，实现硅橡胶的交联硫化。与缩合型硅橡胶硫化不同的是，加成型硅橡胶硫化过程没有小分子释放，硫化的硅橡胶体积基本不收缩，可以进行深层固化。鉴于加成型硅橡胶的突出优点，使得它在电子电气、汽车、医疗等领域被广泛作为缓冲、抗震材料，也应用于纺织、化妆品、涂层等领域。

二、实验目的

(1) 学会制备乙烯基硅油。
(2) 通过实验操作理解并掌握有机硅催化平衡机理。
(3) 掌握暂时性催化剂催化开环聚合平衡反应的操作要领。

三、实验原理

以四甲基氢氧化铵作为阴离子催化剂，催化二甲基硅氧烷混合环体（DMC）开环聚合，用四甲基二乙烯基硅烷为封头剂，合成乙烯基封端的聚二甲基硅氧烷。该反应生成的聚合物分子链的长短取决于 DMC 与封头剂的物质的量之比，其平衡反应如下：

$$\text{CH}_2\!=\!\text{CH}\!-\!\underset{\underset{\text{CH}_3}{|}}{\overset{\overset{\text{CH}_3}{|}}{\text{Si}}}\!-\!\text{O}\!-\!\underset{\underset{\text{CH}_3}{|}}{\overset{\overset{\text{CH}_3}{|}}{\text{Si}}}\!-\!\text{CH}\!=\!\text{CH}_2 + \left[\underset{\underset{\text{CH}_3}{|}}{\overset{\overset{\text{CH}_3}{|}}{\text{Si}}}\!-\!\text{O}\right]_x \xrightarrow{[\text{Me}_4\text{NOH}]} \text{CH}_2\!=\!\text{CH}\!-\!\underset{\underset{\text{CH}_3}{|}}{\overset{\overset{\text{CH}_3}{|}}{\text{Si}}}\!-\!\text{O}\!\left[\underset{\underset{\text{CH}_3}{|}}{\overset{\overset{\text{CH}_3}{|}}{\text{Si}}}\!-\!\text{O}\right]_n\!\underset{\underset{\text{CH}_3}{|}}{\overset{\overset{\text{CH}_3}{|}}{\text{Si}}}\!-\!\text{CH}\!=\!\text{CH}_2$$

四甲基氢氧化铵属暂时性催化剂，当温度超过 130℃ 时将会分解，在催化开环聚合后，可以通过加热将其分解，释放出的三甲胺和甲醇气体从体系中排出。四甲基氢氧化铵受热分解反应如下：

$$(\text{CH}_3)_4\overset{+}{\text{N}}\text{OH}^- \xrightarrow{130℃} (\text{CH}_3)_3\text{N}\uparrow + \text{CH}_3\text{OH}\uparrow$$

四、实验仪器与试剂

1. 仪器
三口烧瓶（500mL），不锈钢搅拌器，搅拌器套管，电子天平，油浴锅，温度计，球形冷凝管，减压装置，抽真空装置，缓冲瓶等。

2. 试剂
二甲基硅氧烷环体（DMC），四甲基二乙烯基硅烷，四甲基氢氧化铵；氮气。

五、实验步骤

（1）在 500mL 三口烧瓶中加入 DMC300g，开始加热搅拌，当内温升至 55℃时开启真空减压脱水，至 0.08MPa。继续加热控制物料温度至 70～75℃，调节真空度，使脱水操作在 0.5h 内完成，且蒸馏脱出的水和 DMC 的量不宜超过加料 DMC 总量的 5%。

（2）向上述 DMC 中加入四甲基二乙烯基硅烷 1.5g，搅拌 10min 后，加入 0.045g 四甲基氢氧化铵，继续加热至体系温度维持在 100～110℃进行聚合平衡反应，连续搅拌 4.5h。

（3）平衡反应结束后，取下球形冷凝管，提高油浴温度，加热物料快速升温至 150℃以上，分解催化剂 2h。

（4）将反应装置改装成减压蒸馏装置，继续提升物料温度至 185～195℃，在此温度下，抽气减压脱低沸物，维持真空度 0.096MPa 以上，直至冷凝管下口无馏出物为止，降温、放空、冷却、出料，得无色透明甲基乙烯基硅油。

六、注意事项

（1）减压脱低沸物，要缓慢提升真空度以防止物料冲出。
（2）脱水干燥物料温度不宜高于 85℃。

七、思考题

在合成乙烯基硅油得操作过程中，为什么要先加入四甲基二乙烯基硅烷，后加入四甲基氢氧化铵？

实验十　甲基乙烯基苯基硅树脂的制备

一、实验背景知识介绍

甲基乙烯基苯基硅树脂是加成反应固化型硅树脂的主体组分，在铂金作为催化剂的作用下，交联剂含氢硅树脂与甲基乙烯基苯基硅树脂通过硅氢加成反应，制得耐高温的有机硅封装材料。随着照明技术和电子产业的快速发展，甲基乙烯基苯基硅树脂被广泛应用于制造大功率高折射 LED 用有机硅封装胶，电子及微电子、光电行业的灌封、密封、粘接和涂覆，高硬度、高透光镜片等领域。本品固化后的膜硬度大、折射率高、透光性好，具有较强的耐溶剂耐水性和耐烧蚀辐射性；同时也具有耐高温性能好，不增黏等优点。所制成的产品具有耐老化性强、抗紫外线性能佳及长期使用无黄变的优异特性。

二、实验目的

（1）学会甲基乙烯基苯基硅树脂的制备方法。

（2）通过实验操作理解并掌握有机氯硅烷的水解缩合反应操作工艺。

（3）理解含有不饱和基团有机硅高分子结构及应用范围。

三、实验原理

将含有甲基、苯基、乙烯基的混合氯硅烷，在有机溶剂的存在下共水解，生成的有机硅氧醇溶解于有机溶剂中，混合氯硅烷水解放出的氯化氢溶解于水中成为盐酸。水解反应后，将其水洗除酸，加入适量的氢氧化钾乙醇溶液作催化剂，催化缩合脱水，可得甲基乙烯基苯基硅树脂溶液。其水解缩合反应示意如图 4-5 所示。

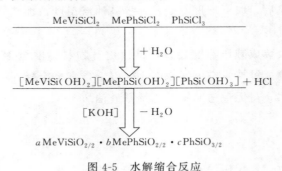

$$MeViSiCl_2 \quad MePhSiCl_2 \quad PhSiCl_3$$

$$\Downarrow + H_2O$$

$$[MeViSi(OH)_2][MePhSi(OH)_2][PhSi(OH)_3] + HCl$$

$$[KOH] \Downarrow - H_2O$$

$$a\,MeViSiO_{2/2} \cdot b\,MePhSiO_{2/2} \cdot c\,PhSiO_{3/2}$$

图 4-5   水解缩合反应

四、实验仪器与试剂

1. 仪器

三口烧瓶（500mL），不锈钢搅拌器，搅拌器套管，电子天平，油浴锅，温度计，恒压滴液漏斗，分液漏斗，烧杯，减压装置，抽真空装置，缓冲瓶等。

2. 试剂

甲基苯基二氯硅烷，苯基三氯硅烷，甲基乙烯基二氯硅烷，二甲基乙烯基乙氧基硅烷，甲苯，1%的氢氧化钾乙醇溶液。

五、实验步骤

（1）在三口烧瓶中加入 200g H_2O 和 40g 甲苯，先后将 18.5g 甲基苯基二氯硅烷、16.5g 甲基乙烯基二氯硅烷、36.8g 苯基三氯硅烷、60g 甲苯加入到恒压滴液漏斗中，振荡混匀，备用。

（2）将三口烧瓶中的水和甲苯混合物预加热至 40℃ 开始搅拌，滴加恒压滴液漏斗内的混合单体，控制在 80min 内滴加完毕，后继续加热反应 40min，冷却至室温，将反应液转移至分液漏斗中，静止待物料分层后，分离下层酸水，保留上层油相，水洗 4~6 次，至中性。

（3）将水洗除酸后的上层溶液转移至三口烧瓶中，减压蒸馏出甲苯。继续向体系中加入 1g 浓度为 1% 的 KOH 乙醇溶液，再加入 8g 二甲基乙烯基乙氧基硅烷，升温至 60℃，反应 1h 后冷却至室温。

（4）将上述反应混合物转移至分液漏斗中，加入 30g 去离子水，缓慢混合静止分层，分离下层水，保留上层油相，水洗 2～3 次，至中性；将水洗后的硅树脂溶液转移至三口烧瓶中，抽气减压，维持真空度 −0.096MPa，温度至 105～110℃，至冷凝管下口无馏出物为止，降温，放空，冷却，出料，得甲基乙烯基苯基硅树脂。

六、注意事项

（1）减压脱低沸物，要缓慢提升真空度以防止物料冲出。

（2）用水润湿的 pH 试纸检测油相 pH，其显示结果应与水洗用水的 pH 相同。

七、思考题

在第（3）步实验中，加入催化剂 KOH 后，加入二甲基乙烯基乙氧基硅烷的作用是什么？

第 5 章 常用软件和数据库介绍及使用

5.1 常用软件介绍及使用

5.1.1 Microsoft Office Word

Microsoft Office Word 是微软公司开发的一个文字处理器应用程序，给用户提供用于创建专业而优雅的文档工具，帮助用户节省时间，并得到优雅美观的结果。本节主要介绍 Microsoft Office Word 在化学化工领域的相关应用。

（1）Microsoft Office Word 的界面简介

Microsoft Office Word 的界面的主要包括以下几部分：标题栏、菜单栏、工具栏、工作区、状态栏。

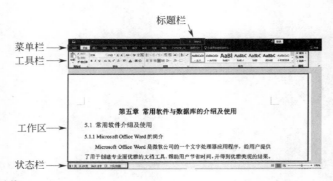

（2）目录的制作

① 点击文件，打开一个文档。

② 点击需要设置的文字，点击上方的标题，然后点击格式刷，依次将需要设置的格式设置为以上格式。

③ 把光标定在需要插入目录的行，点击引用，点击目录即可。

（3）科技论文中三线表的制作

① 点击菜单中的"插入"，然后点击"表格"，最后点击"插入表格"。

② 然后，输入想要的行数和列数。

③ 在表格中输入相关内容，如下图为例。

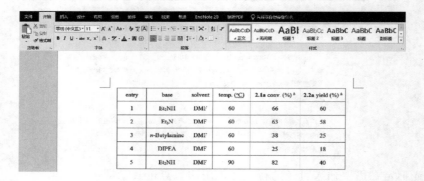

④ 双击表格，通过"设计"菜单中的边框选项对表格进行三线表的绘制，从而最终绘制出三线表。

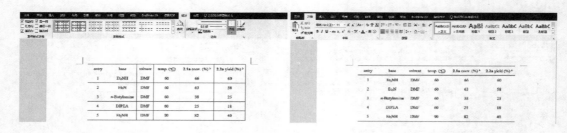

（4）格式工具栏的应用

字体效果	示例	字体效果	示例
删除线	~~我爱跑步~~	倾斜、加粗	***我爱跑步***
边框、底纹	我爱跑步	字符缩小	我爱跑步
突出显示	我爱跑步	字体颜色	我爱跑步
字符放大	我爱跑步		

（5）快捷键的介绍与使用

快捷键	作用	快捷键	作用
Ctrl＋B	使字符变为粗体	Ctrl＋I	使字符变为斜体
Ctrl＋U	为字符添加下划线	Ctrl＋Shift＋	缩小字号
Ctrl＋Shift＋＞	增大字号	Ctrl＋C	复制所选文本或对象
Ctrl＋X	剪切所选文本或对象	Ctrl＋V	粘贴文本或对象
Ctrl＋Z	撤销上一操作	Ctrl＋Y	重复上一操作
Ctrl＋Alt＋A	全选		

5.1.2 Microsoft Office Excel

Microsoft Office Excel 是 Microsoft 为使用 Windows 和 Apple Macintosh 操作系统的电脑编写的一款电子表格软件。直观的界面、出色的计算功能和图表工具，再加上成功的市场营销，使 Excel 成为最流行的个人计算机数据处理软件。

（1）Microsoft Office Excel 的界面简介

Microsoft Office Excel 的界面的主要包括以下几部分：标题栏、菜单栏、工具栏、工作区、状态栏。

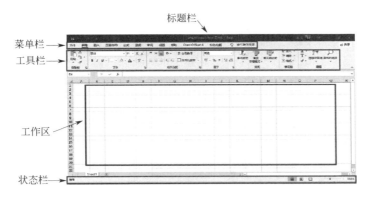

（2）数据的连续输入

① 点击 A4 单元格，按住鼠标左键不放，将其推到 C10，放手。这时所选择的区域颜色反转。

② 输入"0"，回车；依次输入"1、2、3、4、5、6"，每输入一个数字回一次车，当输入 6 后回车时，系统自动将跳到 B4 单元格，而不是 A11 单元格。

③ 按照上面方法输完所有内容，鼠标在其他空白处点击一下，系统就释放选择的区域。

（3）求平均值

① 选取以下一组数据求其平均值：

② 点击菜单栏中的"公式"，在下拉单中选择"自动求和"，再在其下拉单中选择"平均值"，即可算出这一组数据的平均值。

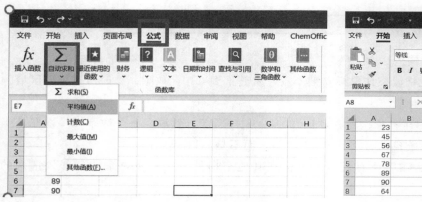

（4）Excel 图表的建立

① 将下面所有的数据及文字输入。

	A	B	C	D	E	F
1		甲醇(万吨)	乙醇	苯	乙醚	二甲醚
2	1998	2000	5000	4000	1600	3000
3	1999	2100	4600	4500	1800	3500
4	2000	2500	5800	5000	1700	3100
5	2001	2300	5300	5200	2000	2900

② 选中 excel 图表中的数据，然后点击菜单栏中的"插入"，选择"推荐的图表"，再选择其中的"簇状柱形图"。

（5）快捷键的介绍与使用

快捷键	作用	快捷键	作用
Ctrl＋1	弹出单元格格式对话框	Ctrl＋A	选中整个工作表
Ctrl＋2	取消单元格中格式加粗设置	Ctrl＋B	取消单元格中格式加粗设置
Ctrl＋3	取消单元格中格式倾斜设置	Ctrl＋C	复制选中的单元格
Ctrl＋4	取消单元格中格式下划线设置	Ctrl＋F	弹出查找和替换对话框
Ctrl＋shift＋O	可以选中所有包含批注的单元格	Ctrl＋Y	重复上一操作
Ctrl＋shift＋P	直接打开设置单元格格式对话框中的字体选项卡	Ctrl＋shift＋U	将编辑栏在展开和折叠状态下来回切换

5.1.3 ChemDraw

ChemDraw 软件是目前国内外最流行、最受欢迎的化学绘图软件之一。它是美国 CambridgeSoft 公司开发的 ChemOffice 系列软件中最重要的一员。由于它内嵌了许多国际权威期刊的文件格式，近几年来成为了化学界出版物、稿件、报告、CAI 软件等领域绘制结构图的标准。Chemdraw 软件功能十分强大。可编辑、绘制与化学有关的一切图形，例如，建立和编辑各类分子式、方程式、结构式、立体图形、对称图形、轨道等，并能对图形进行编辑、翻转、旋转、缩放、存储、复制、粘贴等多种操作。用它绘制的图形可以直接复制粘贴到 word 软件中使用。最新版本的软件还可以生成分子模型、建立和管理化学信息库、增加了光谱化学工具等功能。

（1）ChemDraw 的界面简介

ChemDraw 的界面包括以下几部分：标题栏、菜单栏、工具栏、图形工作板，工作区。

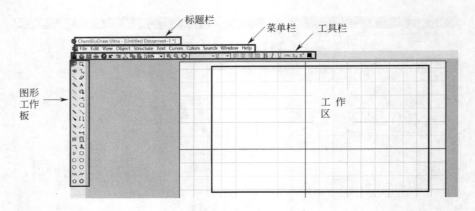

标题栏　　　菜单栏　　工具栏

（2）图形工作板简介

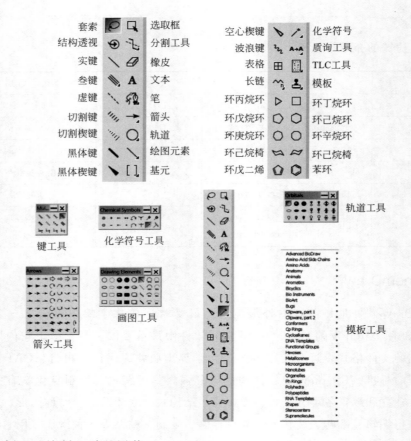

套索			选取框	空心楔键			化学符号
结构透视			分割工具	波浪键			质询工具
实键			橡皮	表格			TLC工具
叁键			文本	长链			模板
虚键			笔	环丙烷环			环丁烷环
切割键			箭头	环戊烷环			环己烷环
切割楔键			轨道	环庚烷环			环辛烷环
黑体键			绘图元素	环己烷椅			环己烷椅
黑体楔键			基元	环戊二烯			苯环

键工具　　　　化学符号工具　　　化学符号工具　　　　轨道工具

箭头工具　　　画图工具　　　　模板工具

（3）实例一：绘制 4-硝基甲苯

① 点击左侧主工具板中的 "⬡" 在文件窗口中适当位置长按鼠标左键，即可绘制出一个苯环。

② 点击左侧主工具板中的 "＼"，将鼠标移至箭头所指处 ""，长按鼠标左键，绘制出单键。

③ 点击左侧主工具板中的 "**A**"，将鼠标移至箭头所指处 ""，输入 "CH_3"。

④ 点击左侧主工具板中的 ""，选中 "CH_3"，然后点击工具栏中的 "CH_2"，即可绘制出 ""。

⑤ 按照同样的方法，即可绘制出目标分子化学结构式 ""。

（4）实例二：绘制如下反应方程式

通过实例详细说明了绘制结构式的一般方法，对于化学方程式，仅多出反应条件部分（即箭头部分）的绘制，现将步骤说明如下：

① 点击主工具板中的 ""，在下拉工具板中选择 "——→"，绘制恰当大小的箭头。

② 点击左侧主工具板中的 "**A**"，再点击箭头上方需键入文字的区域，键入 "Pd cat"。

（5）结构式与物质英文名的相互转换

已知物质的英文名，为了省去画结构式繁琐的步骤，只需要选择菜单栏中 "Structure" 中的 "Convent Name to Structure"，键入物质英文名，点 "OK" 就可以了。或者先在文档空白处写下物质英文名，点击 "" 选取此英文名，再选择 "Structure" 中的 "Convent Name to Structure"，同样也可。

已知物质的结构式，却不知如何规范命名时，就可先在文档空白处绘制物质结构式，点击 "" 选取此结构式，再选择 "Structure" 中的 "Convent Structure to Name"，在结构式的下方就会出现此物质的英文名。

（6）预测 NMR 谱图

绘制出物质的结构式，点击 "" 选取此结构式，选择菜单栏中 "Structure" 中的 "Predict ^{1}H-NMR Shifts"，即可出现此物质的 ^{1}H-NMR 谱图，虽然会有所偏差，但作为参考，也是很有用的。同样，选择 "Structure" 中的 "Predict ^{13}C-NMR Shifts"，即可出现此物质的 ^{13}C-NMR 谱图。

（7）快捷键的介绍与使用

快捷键	作用	快捷键	作用
Ctrl+T	平的	Ctrl+Shift+H	水平翻转
Ctrl+B	粗体	Ctrl+Shift+G	取消组合
Ctrl+I	斜体	Ctrl+Shift+V	垂直翻转
Ctrl+U	下划线	Ctrl+Shift+M	自动调整
Ctrl+J	连接	Ctrl+Shift+R	右对齐
Ctrl+G	组合	Ctrl+Shift+L	左对齐
Ctrl+Shift+K	整理结构		

5.1.4 Origin

Origin 是美国 OriginLab 公司（其前身为 Microcal 公司）开发的图形可视化和数据分析软件，是科研人员和工程师常用的高级数据分析和制图工具。Origin 既可以满足一般用户的制图需要，也可以满足高级用户数据分析、函数拟合的需要，是公认的简单易学、操作灵活、功能强大的软件。

（1）Origin 的界面简介

Origin 的界面的主要包括以下几部分：标题栏、菜单栏、工具栏、工作区、项目管理器。

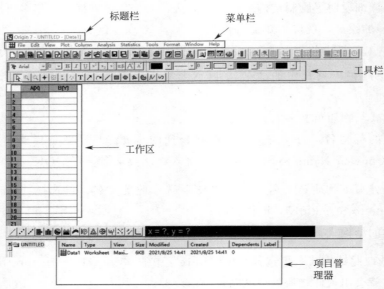

（2）Origin 菜单栏简要说明

菜单简要说明如下：

① File 文件功能操作　打开文件、输入输出数据图形等。

② Edit 编辑功能操作　包括数据和图像的编辑等，比如复制粘贴清除等，特别注意

undo 功能。

③ View 视图功能操作　控制屏幕显示

④ Plot 绘图功能操作　主要提供 4 类功能：

a. 几种样式的二维绘图功能，包括直线、描点、直线加符号、特殊线/符号、条形图、柱形图、特殊条形图/柱形图和饼图；

b. 三维绘图；

c. 气泡/彩色映射图、统计图和图形版面布局；

d. 绘图，包括面积图、极坐标图和向量。

⑤ Column 列功能操作　比如设置列的属性，增加删除列等。

⑥ Analysis 对工作表窗口　提取工作表数据，行列统计，排序，数字信号处理（快速傅里叶变换 FFT、相关 Corelate、卷积 Convolute、解卷 Deconvolute），统计功能（T—检验）、方差分析（ANOAV）、多元回归（Multiple Regression）、非线性曲线拟合等。

⑦ Statistic 主要功能

a. ROC Curve（操作特性曲线）；

b. Descriptive Statistics（描述性统计）；

c. Nonparametric Test（非参数检验）；

d. Hypothesis Testing（假设检验）；

e. Power and Sanple Size（功效分析）；

f. ANOVA（方差分析）；

g. Survival Analysis（存活分析）。

⑧ Tools 工具功能操作　选项控制，工作表脚本，线性、多项式和 S 曲线拟合。

⑨ Format 格式功能操作　菜单格式控制、工作表显示控制，栅格捕捉、调色板等。

⑩ Window 窗口功能操作　控制窗口显示。

⑪ Help 帮助　提示帮助。

（3）基本操作

Origin 作图一般需要新建一个 Project 来完成。首先打开 Origin 软件，点击菜单中的 File，然后点击 File 菜单下的 New。

保存项目的缺省后缀：OPJ。

自动备份功能　Tools→Option→Open/Close 选项卡→"Backup Project Before Saving"。

添加项目　File→Append。

刷新子窗口　如果修改了工作表或者绘图子窗口的内容，一般会自动刷新，如果没有则点击 Window→Refresh。

（4）简单二维谱图

① 输入数据　一般来说数据按照 X Y 坐标存为两列。例如，在 X 列由上至下依次输入 0.1、0.2、0.3、0.4、0.5、0.6；在 Y 列由上至下依次输入 1、2、3、4、5、6。

② 设置列的属性　选中某一列，然后单击右键，选择"properties…"，然后就出现可以对列的格式进行调节的格式框。

③ 绘制简单的二维图　按住鼠标左键拖动选定这两列数据，用下图中最下面一排按钮（图中框内所示）就可以绘制简单的图形。按从左到右三个按钮做出的效果分别如图（a）～图（d）。

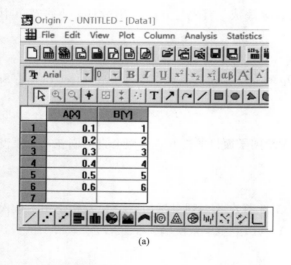

(a)

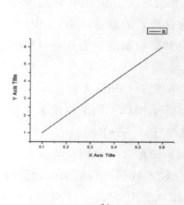

(b)

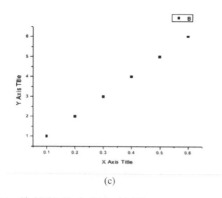

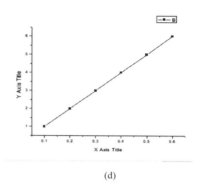

	(c)		(d)

（5）快捷键的介绍与使用

快捷键	作用	快捷键	作用
Ctrl＋S	保存	Ctrl ＋ I	放大图例
Ctrl ＋ C	复制	Ctrl ＋ M	缩小图例
Ctrl ＋ X	剪切	Ctrl ＋ W	整体视图
Ctrl ＋ Z	撤回	Ctrl ＋ Tab	快速在当前文件夹下切换窗口
Ctrl ＋ N	新建工作簿	Ctrl ＋ G	快速定位
Ctrl ＋ O	快速打开文件	Ctrl ＋ D	增加新列

5.2 常用数据库的介绍及使用

根据数据库所使用语种可以分为中文数据库和英文数据库。本节主要介绍自然科学类常用的数据库。

5.2.1 中文数据库

常用的中文数据库有：中国知网-中国期刊全文数据库、维普-中国科技期刊数据库、万方-中国数字化期刊群。

（1）中国知网数据库的介绍及使用

中国知网为同方知网（北京）技术有限公司所有，中国学术期刊（光盘版）电子杂志社出版，是世界上最大的连续动态更新的中国学术文献数据库。该库深度集成整合了学术期刊、博硕士学位论文、会议论文、报纸、年鉴、专利国内外标准、科技成果等中文资源。数据每日更新。其界面如下图所示。

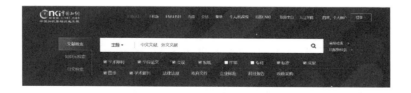

中国知网数据库主要提供三种检索，分别为：文献检索、知识元检索及引文检索。其中，最常用到的是文献检索。

文献检索的方法很多，这里我们主要介绍常用的文献检索方法，即通过 16 种方式来进行文献的检索，分别为：主题、篇文摘、关键词、篇名、全文、作者、第一作者、通讯作者、作者单位、基金、摘要、小标题、参考文献、分类号、文献来源、DOI（数字对象唯一标识符）。

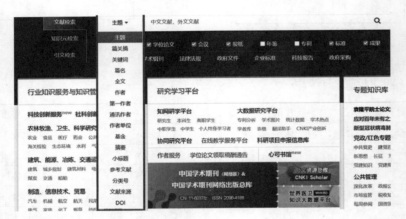

实例：以"偶联反应"为关键词，搜寻此类相关文献。

第一步：进入中国知网主页网站 https：//www.cnki.net/。

第二步：选择"文献检索"，然后输入"偶联反应"，再选择"关键词"，点击即可搜索出相关文献。

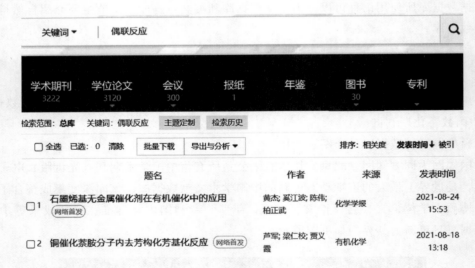

（2）维普数据库的介绍及使用

维普公司收录中文报纸 600 种，中文期刊 8000 多种；已标引加工的数据总量达20000 万篇、3000 万页、拥有固定客户 3000 余家，在国内同行中处领先地位。维普数据库已成为我国图书情报、教育机构、科研院所等系统必不可少的基本工具和获取资料的重要来源。其界面如下图所示。

维普-中国科技期刊数据库可以通过 13 种方式进行文献检索，如"任意字段""题名或关键词""题名""关键词""文摘""作者""第一作者""机构""刊名""分类号""参考文献""作者简介""基金资助""栏目信息"。

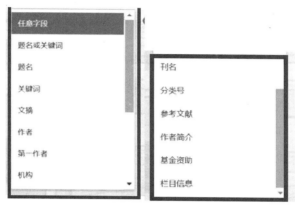

实例：以"偶联反应"为关键词，搜寻此类相关文献。

第一步：进入维普主页网站 http：//qikan.cqvip.com/。

第二步：输入"偶联反应"，再选择"关键词"，点击"检索"，即可搜索出相关文献。

（3）万方数据库的介绍及使用

万方数据资源系统是建立在因特网上的大型科技、商务信息平台，内容涉及自然科学和社会科学各个专业领域。包括：学术期刊、学位论文、会议论文、专利技术、中外标准、科技成果、政策法规、新方志、机构、科技专家等子库。

万方数据库可以通过5种方式进行文献检索,如"题名""作者""作者单位""关键词""摘要"。

实例:以"偶联反应"为关键词,搜寻此类相关文献。

第一步:进入万方数据库主页网站 https://www.wanfangdata.com.cn/index.html。

第二步:输入:"偶联反应",再选择"关键词",点击"检索",即可搜索出相关文献。

5.2.2 英文数据库

在化学与材料领域主要有四大英文数据库,分别为:ACS(美国化学会)、Wiley Online Library(威利在线图书馆)、RSC(英国皇家化学学会)、Elsevier(爱思唯尔)。

(1) ACS(美国化学会)的简介及使用

ACS,英文全称为 The American Chemical Society,中文名称为美国化学会。美国化学会是一个化学领域的专业组织,成立于1876年。现有163000位来自化学界各个分支的会员。美国化学会每年举行两次涵盖化学各方向的年会,并有许多规模稍小的专业研讨会。美国化学会拥有许多期刊,其中《美国化学会志》(Journal of the American Chemical Society)已有137年的历史。

ACS 可以通过以下方式进行文献检索。如果不清楚文献所发表的刊物，可以通过"keywords""authors""dois"等进行文献的检索。如果知道该文献所发表的刊物、卷及页码，可以根据这些信息搜索该文献。

实例：以"coupling reaction"为关键词，搜寻此类相关文献。

第一步：进入 ACS 主页网站 https：//pubs. acs. org/。

第二步：输入："coupling reaction"，点击"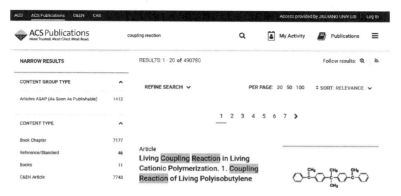"，即可搜索出相关文献。

（2）Wiley Online Library 的简介及使用

作为全球最大、最全面的经同行评审的科学、技术、医学和学术研究的多学科在线资源平台之一，"Wiley Online Library"覆盖了生命科学、健康科学、自然科学、社会与人文科学等全面的学科领域。它收录了 1500 余种期刊、10000 多本在线图书以及数百种多卷册的参考工具书、丛书系列、手册和辞典、实验室指南和数据库的 400 多万篇文章，并提供在线阅读。该在线资源平台具有整洁、易于使用的界面，提供直观的网页导航，提高了内容的可发现性，增强了各项功能和个性化设置、接收通讯的选择。

在 Wiley Online Library 中可以通过如下方式进行文献检索。如果不清楚文献所发表的刊物，可以通过"keywords"、"dois"等进行文献的检索。如果知道该文献所发表的刊物、卷及页码，可以根据这些信息搜索该文献。

实例：以"coupling reaction"为关键词，搜寻此类相关文献。

第一步：进入 Wiley Online Library 主页网站 https：//onlinelibrary.wiley.com/。

第二步：输入："coupling reaction"，点击"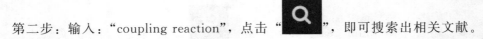"，即可搜索出相关文献。

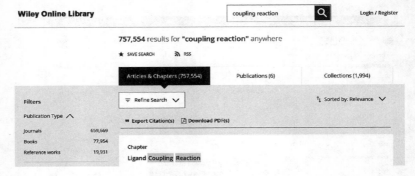

（3）RSC（英国皇家化学学会）的简介及使用

英国皇家化学学会（Royal Society of Chemistry，以下简称 RSC）由致力于化学科学研究的人员组成，是一个充满活力的全球性团体。作为一家非营利组织，将所有盈余都重新投入到慈善活动中，比如化学国际交流、主办化学期刊、会议、科学研究、教育以及向公众传播化学科学知识。

在 RSC 数据库中可以通过如下方式进行文献检索。如果不清楚文献所发表的刊物，可以通过"keywords""authors""dois"等进行文献的检索。如果知道该文献所发表的刊物、卷及页码，可以根据这些信息搜索该文献。

实例：以"coupling reaction"为关键词，搜寻此类相关文献。

第一步：进入 RSC 主页网站 https：//pubs.rsc.org/en/journals? key＝title&value＝all。

第二步：输入："coupling reaction"，点击""，即可搜索出相关文献。

You searched for:
Keywords: **coupling reaction**

All (216942)	Articles (207138)	Chapters (9804)

Best matches

Collections (1)

Chemistry Nobel 2010 Web Collection: Cross-coupling reactions in organic chemistry (28 articles)

Sort by

Relevance

216942 results - Showing page 1 of 8678

Search filters

FILTERS APPLIED

Review Article

Organic synthesis with the most abundant

（4）Elsevier（爱思唯尔）的简介及使用

爱思唯尔数据库 ScienceDirect，简称 SD，是著名的学术数据库，对全球的学术研究做出了巨大贡献，每年下载量高达 10 亿多篇，是所有学术类数据库中下载量最大的，也是所有数据库中单篇下载成本最低的，平均每篇不足一毛钱，是性价比最高的数据库。

ScienceDirect   Journals & Books   Register   Sign in

Search for peer-reviewed journal articles and book chapters (including open access content)

| Keywords | Author name | Journal/book title | Volume | Issue | Page | | Advanced search |

The most relevant research on Novel Coronavirus (SARS-CoV-2) and related viruses is available for free on ScienceDirect, and can be downloaded in a machine-readable format for text mining.
Alternatively, visit the Elsevier Novel Coronavirus Information Center for general health information and advice.

Visit the Information Center >

在爱思唯尔旗下 ScienceDirect 中可以通过如下方式进行文献检索。如果不清楚文献所发表的刊物，可以通过 "keywords"、"dois" 等进行文献的检索。如果知道该文献所发表的刊物、卷及页码，可以根据这些信息搜索该文献。

实例：以 "coupling reaction" 为关键词，搜寻此类相关文献。

第一步：进入爱思唯尔旗下 ScienceDirect 主页网站 https：//www. sciencedirect. com/。

第二步：输入："coupling reaction"，点击 " 🔍 "，即可搜索出相关文献。

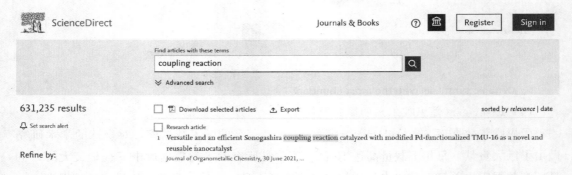

附　录

附录一　常用气体钢瓶标志

序号	气体名称		化学式	瓶色	字样	字色
1	乙炔		C_2H_2	白	乙炔不可近火	大红
2	氢		H_2	淡绿	氢	大红
3	氧		O_2	淡（酞）蓝	氧	黑
4	氮		N_2	黑	氮	白
5	空气		/	黑	空气	白
6	二氧化碳		CO_2	铝白	液化二氧化碳	黑
7	氨		NH_3	淡黄	液氨	黑
8	氯		Cl_2	深绿	液氯	白
9	氟		F_2	白	氟	黑
10	氩		Ar	银灰	氩	深绿
11	氦		He	银灰	氦	深绿
12	硫化氢		H_2S	白	液化硫化氢	大红
13	丙烷		C_3H_8	棕	液化丙烷	白
14	液化石油气	工业用	/	棕	液化石油气	白
		民用	/	银灰	液化石油气	大红
15	一氧化氮		NO	白	一氧化氮	黑
16	二氧化氮		NO_2	白	液化二氧化氮	黑
17	碳酰二氯		$COCl_2$	白	液化光气	黑
18	磷化氢		PH_3	白	液化磷化氢	大红
19	四氟甲烷		CF_4	铝白	氟氯烷	黑
20	三氟氯甲烷		$CClF_3$	铝白	液化氟氯烷 13	黑

附录二　常见聚合物的溶剂和沉淀剂

聚合物	溶剂	沉淀剂
聚丁二烯	脂肪烃、芳烃、卤代烃、四氢呋喃、高级酮和酯	水、醇、丙酮、硝基甲烷
聚乙烯	甲苯、二甲苯、十氢化萘、四氢化萘	醇、丙酮、邻苯二甲酸甲酯
聚丙烯	环己烷、二甲苯、十氢化萘、四氢化萘	醇、丙酮、邻苯二甲酸甲酯

聚 合 物	溶 剂	沉 淀 剂
聚异丁烯	烃、卤代烃、四氢呋喃、高级脂肪醇和酯、二硫化碳	低级酮、低级醇、低级酯
聚氯乙烯	丙酮、环己酮、四氢呋喃	醇、己烷、氯乙烷、水
聚四氟乙烯	全氟煤油（350℃）	大多数溶剂
聚丙烯酸	乙醇、二甲基甲酰胺、水、稀碱溶液、二氧六环/水（8∶2）	脂肪烃、芳香烃、丙酮、二氧六环
聚丙烯酸甲酯	丙酮、丁酮、苯、甲苯、四氢呋喃	甲醇、乙醇、水、乙醚
聚丙烯酸乙酯	丙酮、丁酮、苯、甲苯、四氢呋喃、甲醇、丁醇	脂肪醇（C≥5）、环己醇
聚丙烯酸丁酯	丙酮、丁酮、苯、甲苯、四氢呋喃、丁醇	甲醇、乙醇、乙酸乙酯
聚甲基丙烯酸	乙醇、水、稀碱溶液、盐酸（0.02mol/L，30℃）	脂肪烃、芳香烃、丙酮、羧酸、酯
聚甲基丙烯酸甲酯	丙酮、丁酮、苯、甲苯、四氢呋喃、氯仿、乙酸乙酯	甲醇、石油醚、己烷、环己烷
聚甲基丙烯酸乙酯	丙酮、丁酮、苯、甲苯、四氢呋喃、乙醇（热）	异丙醚
聚甲基丙烯酸异丁酯	丙酮、乙醚、汽油、四氯化碳、乙醇（热）	甲酸、乙醇（冷）
聚甲基丙烯酸正丁酯	丙酮、丁酮、苯、甲苯、四氢呋喃、己烷	甲酸、乙醇（冷）
聚乙酸乙烯酯	丙酮、苯、甲苯、四氢呋喃、氯仿、二氧六环	无水乙醇、己烷、环己烷
聚乙烯醇	水、乙二醇（热）、丙三醇（热）	烃、卤代烃、丙酮、丙醇
聚乙烯醇缩甲醛	甲苯、氯仿、苯甲醇、四氢呋喃	脂肪烃、甲醇、乙醇、水
聚丙烯酰胺	水	醇类、四氢呋喃、乙醚
聚甲基丙烯酰胺	水、甲醇、丙酮	酯类、乙醚、烃类
聚 N-甲基丙烯酰胺	水（冷）、苯、四氢呋喃	水（热）、正己烷
聚 N,N-二甲基丙烯酰胺	甲醇、水（40℃）	水（溶胀）
聚甲基乙烯基醚	苯、氯代烃、正丁醇、丁酮	庚烷、水
聚丁基乙烯基醚	苯、氯代烃、正丁醇、丁酮、乙醚、正庚烷	乙醇
聚丙烯腈	N,N-二甲基甲酰胺、乙酸酐	烃、卤代烃、酮、醇
聚苯乙烯	苯、甲苯、氯仿、环己烷、四氢呋喃、苯乙烯	醇、酚、己烷、庚烷
聚 2-乙烯基吡啶	氯仿、乙醇、苯、四氢呋喃、二氧六环、吡啶、丙酮	甲苯、四氯化碳
聚 4-乙烯基吡啶	甲醇、苯、环己酮、四氢呋喃、吡啶、丙酮/水（1∶1）	石油醚、乙醚、丙酮、乙酸乙酯、水
聚乙烯基吡咯烷酮	溶解性依赖于是否含有少量水，氯仿、醇、乙醇	烃类、四氯化碳、乙醚、丙酮、乙酸乙酯
聚氧化乙烯	苯、甲苯、甲醇、乙醇、氯仿、水（冷）、乙腈	水（热）、脂肪烃
聚氧化丙烯	芳香烃、氯仿、醇类、酮	脂肪烃

聚 合 物	溶 剂	沉 淀 剂
聚氧化四甲基	苯、氯仿、四氢呋喃、乙醇	石油醚、甲醇、水
双酚 A 型聚碳酸酯	苯、氯仿、乙酸乙酯	水
聚对苯二甲酸乙二醇酯	苯酚、硝基苯（热）、浓硫酸	醇、酮、醚、烃、卤代烃
聚芳香砜	N,N 二甲基甲酰胺	甲醇
聚氨酯	苯、甲酸、N,N 二甲基甲酰胺	饱和烃、醇、乙醚
聚硅氧烷	苯、甲苯、氯仿、环己烷、四氢呋喃	甲醇、乙醇、溴苯
聚酰胺	苯酚、硝基苯酚、甲酸、苯甲醇（热）	烃、脂肪醇、酮、醚、酯
三聚氰胺甲醛树脂	吡啶、甲醛水溶液、甲酸	大部分有机溶剂
天然橡胶	苯	甲醇
丙烯腈-甲基丙烯酸甲酯共聚物	N,N 二甲基甲酰胺	正己烷、乙醚
苯乙烯顺丁烯二酸酐共聚物	丙酮、碱水（热）	苯、甲苯、水、石油醚
聚 2,6 二甲基苯醚	苯、甲苯、氯仿、二氯甲烷、四氢呋喃	甲醇、乙醇
苯乙烯-甲基丙烯酸甲酯共聚物	苯、甲苯、丁酮、四氯化碳	甲醇、石油醚

附录三　2020 剧毒化学品目录

序号	品名	别名	CAS 号
1	5-氨基-3-苯基-1-［双（N,N-二甲基氨基氧膦基）］-1,2,4-三唑［含量＞20％］	威菌磷	1031-47-6
2	3-氨基丙烯	烯丙胺	107-11-9
3	八氟异丁烯	全氟异丁烯;1,1,3,3,3-五氟-2-（三氟甲基）-1-丙烯	382-21-8
4	八甲基焦磷酰胺	八甲磷	152-16-9
5	1,3,4,5,6,7,8,8-八氯-1,3,3a,4,7,7a-六氢-4,7-亚甲基异苯并呋喃［含量＞1％］	八氯六氢亚甲基苯并呋喃;碳氯灵	297-78-9
6	苯基硫醇	苯硫酚;巯基苯;硫代苯酚	108-98-5
7	苯胂化二氯	二氯化苯胂;二氯苯胂	696-28-6
8	1-（3-吡啶甲基）-3-（4-硝基苯基）脲	1-（4-硝基苯基）-3-（3-吡啶甲基）脲;灭鼠优	53558-25-1
9	丙腈	乙基氰	107-12-0
10	2-丙炔-1-醇	丙炔醇;炔丙醇	107-19-7
11	丙酮氰醇	丙酮合氰化氢;2-羟基异丁腈;氰丙醇	75-86-5
12	2-丙烯-1-醇	烯丙醇;蒜醇;乙烯甲醇	107-18-6
13	丙烯亚胺	2-甲基氮丙啶;	75-55-8
14	叠氮化钠	三氮化钠	26628-22-8
15	3-丁烯-2-酮	甲基乙烯基酮;丁烯酮	78-94-4
16	1-（对氯苯基）-2,8,9-三氧-5-氮-1-硅双环（3,3,3）十二烷	毒鼠硅;氯硅宁;硅灭鼠	29025-67-0

序号	品名	别名	CAS 号
17	2-(二苯基乙酰基)-2,3-二氢-1,3-茚二酮	2-(2,2-二苯基乙酰基)-1,3-茚满二酮;敌鼠	82-66-6
18	1,3-二氟丙-2-醇(Ⅰ)与 1-氯-3-氟丙-2-醇(Ⅱ)的混合物	鼠甘伏;甘氟	8065-71-2
19	二氟化氧	一氧化二氟	7783-41-7
20	O,O-二甲基-O-(2-甲氧甲酰基-1-甲基)乙烯基磷酸酯[含量＞5%]	甲基-3-[(二甲氧基磷酰基)氧代]-2-丁烯酸酯;速灭磷	7786-34-7
21	二甲基-4-(甲基硫代)苯基磷酸酯	甲硫磷	3254-63-5
22	(E)-O,O-二甲基-O-[1-甲基-2-(二甲基氨基甲酰)乙烯基]磷酸酯[含量＞25%]	3-二甲氧基磷氧基-N,N-二甲基异丁烯酰胺;百治磷	141-66-2
23	O,O-二甲基-O-[1-甲基-2-(甲基氨基甲酰)乙烯基]磷酸酯[含量＞0.5%]	久效磷	6923-22-4
24	N,N-二甲基氨基乙腈	2-(二甲氨基)乙腈	926-64-7
25	O,O-二甲基-对硝基苯基磷酸酯	甲基对氧磷	950-35-6
26	1,1-二甲基肼	二甲基肼[不对称];N,N-二甲基肼	57-14-7
27	1,2-二甲基肼	二甲基肼[对称]	540-73-8
28	O,O'-二甲基硫代磷酰氯	二甲基硫代磷酰氯	2524-03-0
29	二甲双胍	双甲胍;马钱子碱	57-24-9
30	二甲氧基马钱子碱	番木鳖碱	357-57-3
31	2,3-二氢-2,2-二甲基苯并呋喃-7-基-N-甲基氨基甲酸酯	克百威	1563-66-2
32	2,6-二噻-1,3,5,7-四氮三环-[3,3,1,1,3,7]癸烷-2,2,6,6-四氧化物	毒鼠强	1980/12/6
33	S-[2-(二乙氨基)乙基]-O,O-二乙基硫赶磷酸酯	胺吸磷	78-53-5
34	N-二乙氨基乙基氯	2-氯乙基二乙胺	100-35-6
35	O,O-二乙基-N-(1,3-二硫戊环-2-亚基)磷酰胺[含量＞15%]	2-(二乙氧基磷酰亚氨基)-1,3-二硫戊环;硫环磷	947-02-4
36	O,O-二乙基-N-(4-甲基-1,3-二硫戊环-2-亚基)磷酰胺[含量＞5%]	二乙基(4-甲基-1,3-二硫戊环-2-叉氨基)磷酸酯;地胺磷	950-10-7
37	O,O-二乙基-N-1,3-二噻丁环-2-亚基磷酰胺	丁硫环磷	21548-32-3
38	O,O-二乙基-O-(2-乙硫基乙基)硫代磷酸酯与 O,O-二乙基-S-(2-乙硫基乙基)硫代磷酸酯的混合物[含量＞3%]	内吸磷	8065-48-3
39	O,O-二乙基-O-(4-甲基香豆素基-7)硫代磷酸酯	扑杀磷	299-45-6
40	O,O-二乙基-O-(4-硝基苯基)磷酸酯	对氧磷	311-45-5

序号	品名	别名	CAS号
41	O,O-二乙基-O-(4-硝基苯基)硫代磷酸酯[含量>4%]	对硫磷	56-38-2
42	O,O-二乙基-O-[2-氯-1-(2,4-二氯苯基)乙烯基]磷酸酯[含量>20%]	2-氯-1-(2,4-二氯苯基)乙烯基二乙基磷酸酯;毒虫畏	470-90-6
43	O,O-二乙基-O-2-吡嗪基硫代磷酸酯[含量>5%]	虫线磷	297-97-2
44	O,O-二乙基-S-(2-乙硫基乙基)二硫代磷酸酯[含量>15%]	乙拌磷	298-04-4
45	O,O-二乙基-S-(4-甲基亚磺酰基苯基)硫代磷酸酯[含量>4%]	丰索磷	115-90-2
46	O,O-二乙基-S-(对硝基苯基)硫代磷酸	硫代磷酸-O,O-二乙基-S-(4-硝基苯基)酯	3270-86-8
47	O,O-二乙基-S-(乙硫基甲基)二硫代磷酸酯	甲拌磷	298-02-2
48	O,O-二乙基-S-(异丙基氨基甲酰甲基)二硫代磷酸酯[含量>15%]	发硫磷	2275-18-5
49	O,O-二乙基-S-氯甲基二硫代磷酸酯[含量>15%]	氯甲硫磷	24934-91-6
50	O,O-二乙基-S-叔丁基硫甲基二硫代磷酸酯	特丁硫磷	13071-79-9
51	二乙基汞	二乙汞	627-44-1
52	氟		7782-41-4
53	氟乙酸	氟醋酸	144-49-0
54	氟乙酸甲酯		453-18-9
55	氟乙酸钠	氟醋酸钠	62-74-8
56	氟乙酰胺		640-19-7
57	癸硼烷	十硼烷;十硼氢	17702-41-9
58	4-己烯-1-炔-3-醇		10138-60-0
59	3-(1-甲基-2-四氢吡咯基)吡啶硫酸盐	硫酸化烟碱	65-30-5
60	2-甲基-4,6-二硝基酚	4,6-二硝基邻甲苯酚;二硝酚	534-52-1
61	O-甲基-S-甲基-硫代磷酰胺	甲胺磷	10265-92-6
62	O-甲基氨基甲酰基-2-甲基-2-(甲硫基)丙醛肟	涕灭威	116-06-3
63	O-甲基氨基甲酰基-3,3-二甲基-1-(甲硫基)丁醛肟	O-甲基氨基甲酰基-3,3-二甲基-1-(甲硫基)丁醛肟;久效威	39196-18-4
64	(S)-3-(1-甲基吡咯烷-2-基)吡啶	烟碱;尼古丁;1-甲基-2-(3-吡啶基)吡咯烷	1954/11/5

序号	品名	别名	CAS 号
65	甲基磺酰氯	氯化硫酰甲烷;甲烷磺酰氯	124-63-0
66	甲基肼	一甲肼;甲基联氨	60-34-4
67	甲烷磺酰氟	甲磺氟酰;甲基磺酰氟	558-25-8
68	甲藻毒素(二盐酸盐)	石房蛤毒素(盐酸盐)	35523-89-8
69	抗霉素 A		1397-94-0
70	镰刀菌酮 X		23255-69-8
71	磷化氢	磷化三氢;膦	7803-51-2
72	硫代磷酰氯	硫代氯化磷酰;三氯化硫磷;三氯硫磷	3982-91-0
73	硫酸三乙基锡		57-52-3
74	硫酸铊	硫酸亚铊	7446-18-6
75	六氟-2,3-二氯-2-丁烯	2,3-二氯六氟-2-丁烯	303-04-8
76	(1R,4S,4aS,5R,6R,7S,8S,8aR)-1, 2,3,4,10,10-六氯-1,4,4a,5,6,7,8,8a-八氢-6,7-环氧-1,4,5,8-二亚甲基萘[含量2%~90%]	狄氏剂	60-57-1
77	(1R,4S,5R,8S)-1,2,3,4,10,10-六氯-1, 4,4a,5,6,7,8,8a-八氢-6,7-环氧-1,4;5, 8-二亚甲基萘[含量>5%]	异狄氏剂	72-20-8
78	1,2,3,4,10,10-六氯-1,4,4a,5,8,8a-六氢-1,4-挂-5,8-挂二亚甲基萘[含量>10%]	异艾氏剂	465-73-6
79	1,2,3,4,10,10-六氯-1,4,4a,5,8,8a-六氢-1,4,5,8-桥,挂-二亚甲基萘[含量>75%]	六氯-六氢-二亚甲萘;艾氏剂	309-00-2
80	六氯环戊二烯	全氯环戊二烯	77-47-4
81	氯	液氯;氯气	7782-50-5
82	2-[(RS)-2-(4-氯苯基)-2-苯基乙酰基]-2, 3-二氢-1,3-茚二酮[含量>4%]	2-(苯基对氯苯基乙酰)茚满-1,3-二酮; 氯鼠酮	3691-35-8
83	氯代膦酸二乙酯	氯化磷酸二乙酯	814-49-3
84	氯化汞	氯化高汞;二氯化汞;升汞	7487-94-7
85	氯化氰	氰化氯;氯甲腈	506-77-4
86	氯甲基甲醚	甲基氯甲醚;氯二甲醚	107-30-2
87	氯甲酸甲酯	氯碳酸甲酯	79-22-1
88	氯甲酸乙酯	氯碳酸乙酯	541-41-3
89	2-氯乙醇	亚乙基氯醇;氯乙醇	107-07-3
90	2-羟基丙腈	乳腈	78-97-7
91	羟基乙腈	乙醇腈	107-16-4
92	羟间唑啉(盐酸盐)		2315/2/8
93	氰胍甲汞	氰甲汞胍	502-39-6

序号	品名	别名	CAS 号
94	氰化镉		542-83-6
95	氰化钾	山奈钾	151-50-8
96	氰化钠	山奈	143-33-9
97	氰化氢	无水氢氰酸	74-90-8
98	氰化银钾	银氰化钾	506-61-6
99	全氯甲硫醇	三氯硫氯甲烷;过氯甲硫醇;四氯硫代碳酰	594-42-3
100	乳酸苯汞三乙醇铵		23319-66-6
101	三氯硝基甲烷	氯化苦;硝基三氯甲烷	1976/6/2
102	三氧化二砷	白砒;砒霜;亚砷酸酐	1327-53-3
103	三正丁胺	三丁胺	102-82-9
104	砷化氢	砷化三氢;胂	7784-42-1
105	双(1-甲基乙基)氟磷酸酯	二异丙基氟磷酸酯;丙氟磷	55-91-4
106	双(2-氯乙基)甲胺	氮芥;双(氯乙基)甲胺	51-75-2
107	5-[(双(2-氯乙基)氨基]-2,4-(1H,3H)嘧啶二酮	尿嘧啶芳芥;嘧啶苯芥	66-75-1
108	O,O-双(4-氯苯基)N-(1-亚氨基)乙基硫代磷酸胺	毒鼠磷	4104-14-7
109	双(二甲胺基)磷酰氟[含量＞2%]	甲氟磷	115-26-4
110	2,3,7,8-四氯二苯并对二噁英	二噁英;2,3,7,8-TCDD;四氯二苯二噁英	1746-01-6
111	3-(1,2,3,4-四氢-1-萘基)-4-羟基香豆素	杀鼠醚	5836-29-3
112	四硝基甲烷		509-14-8
113	四氧化锇	锇酸酐	20816-12-0
114	O,O,O',O'-四乙基二硫代焦磷酸酯	治螟磷	3689-24-5
115	四乙基焦磷酸酯	特普	107-49-3
116	四乙基铅	发动机燃料抗爆混合物	78-00-2
117	碳酰氯	光气	75-44-5
118	羰基镍	四羰基镍;四碳酰镍	13463-39-3
119	乌头碱	附子精	302-27-2
120	五氟化氯		13637-63-3
121	五氯苯酚	五氯酚	87-86-5
122	2,3,4,7,8-五氯二苯并呋喃	2,3,4,7,8-PCDF	57117-31-4
123	五氯化锑	过氯化锑;氯化锑	7647-18-9
124	五羰基铁	羰基铁	13463-40-6
125	五氧化二砷	砷酸酐;五氧化砷;氧化砷	1303-28-2

序号	品名	别名	CAS 号
126	戊硼烷	五硼烷	19624-22-7
127	硒酸钠		13410-01-0
128	2-硝基-4-甲氧基苯胺	枣红色基 GP	96-96-8
129	3-[3-(4'-溴联苯-4-基)-1,2,3,4-四氢-1-萘基]-4-羟基香豆素	溴鼠灵	56073-10-0
130	3-[3-(4-溴联苯-4-基)-3-羟基-1-苯丙基]-4-羟基香豆素	溴敌隆	28772-56-7
131	亚砷酸钙	亚砒酸钙	27152-57-4
132	亚硒酸氢钠	重亚硒酸钠	7782-82-3
133	盐酸吐根碱	盐酸依米丁	316-42-7
134	氧化汞	一氧化汞;黄降汞;红降汞	21908-53-2
135	一氟乙酸对溴苯胺		351-05-3
136	亚乙基亚胺	吖丙啶;1-氮杂环丙烷;氮丙啶	151-56-4
	亚乙基亚胺[稳定的]		
137	O-乙基-O-(4-硝基苯基)苯基硫代膦酸酯[含量>15%]	苯硫膦	2104-64-5
138	O-乙基-S-苯基乙基二硫代膦酸酯[含量>6%]	地虫硫膦	944-22-9
139	乙硼烷	二硼烷	19287-45-7
140	乙酸汞	乙酸高汞;醋酸汞	1600-27-7
141	乙酸甲氧基乙基汞	醋酸甲氧基乙基汞	151-38-2
142	乙酸三甲基锡	醋酸三甲基锡	1118-14-5
143	乙酸三乙基锡	三乙基乙酸锡	1907-13-7
144	乙烯砜	二乙烯砜	77-77-0
145	N-乙烯基亚乙基亚胺	N-乙烯基氮丙环	5628-99-9
146	1-异丙基-3-甲基吡唑-5-基 N,N-二甲基氨基甲酸酯[含量>20%]	异索威	119-38-0
147	异氰酸苯酯	苯基异氰酸酯	103-71-9
148	异氰酸甲酯	甲基异氰酸酯	624-83-9

参考文献

[1] 曹小华，严平，王常清，等．硫酸亚铁铵的制备及组成分析实验多维互动教学模式探索与实践［J］．大学化学，2019，34（7）：31-37.

[2] 张晓宇，卢琴芳．化学化工常用软件［M］．南昌：江西教育出版社，2017.

[3] 吴智华．高分子材料加工工程实验教程［M］．北京：化学工业出版社，2014.

[4] 陈浩，王玺堂，夏涛．不同类型高温窑炉用镁铬砖损毁机理分析［J］．武汉科技大学学报，2009，32（5）：514-517.

[5] Sun X，Zhang G L，Du R H，et al. A biodegradable $MnSiO_3@Fe_3O_4$ nanoplatform for dual-mode magnetic resonance imaging guided combinatorial cancer therapy［J］．Biomaterials，2019，194：151-153.

[6] 乔伟志．浅谈固体酒精制备工艺的影响因素［J］．化工管理，2014（15）：196.

[7] 李本林，梁英，何平，等．水热法生产纳米氧化锌的工艺研究［J］．武汉理工大学学报，2006，28（7）：30-32.

[8] 秋花，赵昆渝，李智东，等．热电材料综述［J］．电工材料，2004，1：43-47.

[9] 郑艺华，马永志．温差发电技术及其在节能领域的应用［J］．节能技术，2006，24（2）：142-146.

[10] 吴淑荣，李东升，畅柱国，等．不同 Ti/Ba 摩尔比的钛酸钡纳米晶粉体的 sol-gel 法制备和表征［J］．功能材料，1999，30（2）：179-181.

[11] 丁新更，李平广，杨辉，等．硼硅酸盐玻璃固化体结构及化学稳定性研究［J］．稀有金属材料与工程，2013，42（s1）：325-328.

[12] 孙培勤，王志强，孙绍晖，等．合成聚丙烯酸作乳化剂丙烯酸-环氧树脂的乳液聚合研究［J］．郑州大学学报（工学版），2006，36（4）：237-243.

[13] 陈平．环氧树脂及其应用［M］．北京：化学工业出版社，2011.

[14] 邢云清．聚乙烯醇改性水泥基复合材料性能及机理研究［D］．大连：大连理工大学，2019.

[15] 赵鹏飞．沉淀聚合法合成低分子量苯乙烯-马来酸酐交替共聚物的研究［D］．北京：北京化工大学，2009.

[16] Cruz H，Luckman P，Seviour T，et al. Rapid removal of ammonium from domestic waste water using polymer hydrogels［J］．Scientific Reports，2018，8：1-6.

[17] 揭唐江南，任杰，田广科．聚酯树脂基粉末涂料的制备及性能［J］．材料保护，2017，50（2）：62-65.

[18] 罗兰，胡晓勇，袁霞，等．双功能硅烷化修饰 MCM-41 固载 Cosalen 催化环己烷氧化［J］．硅酸盐学报，2014，42（7）：908-913.

[19] 胡庆华，占昌朝，叶志刚，等．一种聚乙烯基硅氧烷树脂微球载 Pt 催化剂及其制备方法［P］，发明专利，中国专利：CN202010387606.0.

[20] 郏馨，李晓芳，王臣虎，等．四氧化三铁纳米粒子的制备与表征［J］．山东化工，2020，49（21）：8-9.

[21] Meng J. S.，Liu X.，Niu C. J. et al. Advances in metal-organic framework coatings：versatile synthesis and broad applications［J］．Chem. Soc. Rev. 2020，49：3142.

[22] Lu Y.，Chen J. Prospects of organic electrode materials for practical lithium batteries［J］．*Nat*. Rev. Chem. 2020，4（3）：127-142.

[23] 王春凤，周国伟，王熙梁．聚乙二醇模板剂制备介孔材料的研究进展［J］．材料导报，2011，25（11）：79-83.

[24] 占昌朝，曹小华，严平，等．紫外光促进盐酸聚苯胺催化 H_2O_2 氧化处理罗丹明 B 废水［J］．环境工程学报，2013，7（5）：1717-1722.

[25] Shen X B，Cao S X，Zhang Q，et al. Amphiphilic TEMPO-Functionalized Block Copolymers：Synthesis，Self-Assembly and Redox-Responsive Disassembly Behavior，and Potential Application in Triggered Drug Delivery［J］．ACS Applied Polymer Materials，2019，1（9）：2282-2290.

［26］ 冯林斌．磁性纳米聚合物微球表面功能化及其在非均相反应中的应用［D］．杭州：浙江工业大学，2015．

［27］ 潘家炎，安秋凤，徐新．季铵盐端基改性聚醚有机硅的合成及应用［J］．印染助剂，2016，33（9）：23-26．

［28］ 姜承永．有机硅化学工艺实验［M］．北京：化学工业出版社，2015．

［29］ 张霞．新材料表征技术［M］．上海：华东理工大学出版社，2012．

［30］ 张康华，曹小华，谢宝华，等．化学实验教学与绿色化学教育［J］．实验室研究与探索，2010，29（05）：125-139．

［31］ 陈万平．材料化学实验［M］．北京：化学工业出版社，2017．

［32］ 王荣民，宋鹏飞，彭辉．高分子材料合成实验［M］．北京：化学工业出版社，2019．